数智化
技术应用与创新

SHUZHIHUA JISHU YINGYONG YU CHUANGXIN

主　编　秦凤梅　冉雨鑫
副主编　姚知行　秦天文　王铭泽
参　编　王亚萍　覃彦钦　邓承宽

U0240316

重庆大学出版社

内容提要

本书系统阐述了数智化发展的关键技术与职场应用。内容涵盖数智化定义、生态体系、文化建设、核心技术(大数据、云计算、人工智能、物联网)、大模型技术、多模态应用、人机协同及职场伦理等,通过典型案例将理论与实践紧密结合,助力读者建立系统知识体系,提升数智化素养与创新能力。本书旨在开启数智化世界的大门,为个人与组织在数智化转型的道路上提供有力支持。

本书可作为高等职业院校各专业的教材,也可供希望提升数智化办公技能的人员参考。

图书在版编目(CIP)数据

数智化技术应用与创新 / 秦凤梅,冉雨鑫主编 .
重庆 : 重庆大学出版社, 2025. 1. -- ISBN 978-7-5689-
5136-4
Ⅰ. TP3
中国国家版本馆 CIP 数据核字第 2025SR9182 号

数智化技术应用与创新

主　编　秦凤梅　冉雨鑫
副主编　姚知行　秦天文　王铭泽
责任编辑:荀荟羽　版式设计:荀荟羽
责任校对:谢　芳　责任印制:张　策

*

重庆大学出版社出版发行
出版人:陈晓阳
社址:重庆市沙坪坝区大学城西路 21 号
邮编:401331
电话:(023)88617190　88617185(中小学)
传真:(023)88617186　88617166
网址:http://www.cqup.com.cn
邮箱:fxk@cqup.com.cn(营销中心)
全国新华书店经销
重庆正光印务股份有限公司印刷

*

开本:787mm×1092mm　1/16　印张:12.5　字数:284 千
2025 年 1 月第 1 版　2025 年 1 月第 1 次印刷
印数:1—2 000
ISBN 978-7-5689-5136-4　定价:39.00 元

PREFACE 前 言

　　本书以各类数智化工具的创新案例为基础,用通俗易懂的语言对数智化发展的关键技术概念进行阐述,同时结合各类工具的应用实践,介绍了如何提升办公效率和数智化素养,以及数智化工具使用技巧与伦理等方面的内容。

　　本书共8章。第1章主要讲解数智化的定义及相关理论,包括数智化概念、数智化生态体系与现代数智化生活等;第2章主要讲解数智文化建设,包括数智化与传统知识的结合及融合发展、数智化典型应用等;第3章深入探讨核心数智化技术,系统介绍了大数据、云计算、人工智能和物联网等关键技术的基本原理与应用特征;第4章聚焦大模型技术,详细阐述了大模型的发展历程、相关技术原理及其在各行业的具体落地实践;第5章重点展示了大语言模型的应用场景,从基础概念到实际应用,为读者提供了全面的应用指导;第6章重点探索了多模态大模型的新世界,介绍了图像、视频处理等多模态技术的前沿发展,以及其在内容创作等领域的创新应用;第7章着重讨论人机协同的重要议题,深入探讨了数智化时代的职场环境、工作效率提升以及伦理规范;第8章主要聚焦个人发展,详细阐述了如何开展数智化创新项目、提升数智化素养,以及打造个人数字化品牌等实践性内容。

　　本书每章都配有典型案例,通过具体实践案例帮助读者深入理解理论知识,建立理论与实践的有机联系,内容紧凑、重点突出,有助于初学者逐步建立起系统知识体系。在数智化浪潮席卷全球的今天,掌握数智化技术、培养数智化思维已成为时代必然。期待本书能够为读者开启数智化世界的大门,助力个人与组织在数智化转型的征程中抓住机遇、实现创新发展。

　　本书由重庆轻工职业学院的专家教授、骨干教师,联合中国科学院重庆绿色智能研究院、重庆城市管理职业学院、东软教育集团等多家单位共同编写。秦凤梅教授、冉雨鑫老师担任主编,姚知行老师、秦天文教授、王铭泽老师担任副主编,王亚萍、覃彦钦、邓承宽老师担任参编。其中,第1章、第2章由秦凤梅编写,第3章、第4章、第5章由冉雨鑫和姚知行编写,第6章由秦天文编写,第7章由王亚萍和邓承宽编写,第8章由王铭泽和覃彦钦编写。

　　特别感谢中国科学院重庆绿色智能研究院林远长研究员、中软国际张勇博士、重庆正大软件集团魏勇工程师、重庆思庄科技有限公司郑全等专家为本书全程提供技术指导与帮助。

　　由于编者水平有限,书中难免存在疏漏之处,恳请同行专家和广大读者批评指正。

编　者

2024 年 7 月

CONTENTS 目 录

第1章　数智化时代入门

一、知识目标

1.了解数智化概念,能清晰阐述数智化定义,以及其与传统数字化区别。

2.掌握数智化关键要素,能识别并解释数智化核心技术、数据资源、智能算法及平台支撑等关键要素。

3.理解数智化与数字化的关系,能理解两者在技术应用、价值创造等方面的区别与联系。

4.熟悉数智化生态体系构建,能概述数智化技术开放体系、数据共享体系、资源互通体系及价值协同体系的基本框架和运作机制。

5.认识数智化对生活影响,能列举数智化在提升生活便捷性、变革信息获取与交流方式、创新教育模式等方面的具体应用。

6.分析数智化应用案例,能以餐饮业为例,分析数智化转型的策略、成效及面临的挑战,理解数智化在推动行业变革中的作用。

二、能力目标

1.具备分析数智化趋势的能力,能根据数智化技术的发展动态,分析其对社会经济各领域的影响趋势。

2.具备数智化应用案例分析能力,能独立分析数智化应用案例,提炼成功案例的关键因素,识别失败案例的问题所在。

3.能进行数智化技术应用的初步评估,能评估数智化技术在特定领域应用的可行性、效益及潜在风险。

4.具备团队协作推进数智化项目的能力,能理解数智化项目实施过程中团队合作的重要性,掌握基本的沟通协调技巧,以有效推进项目进展。

5.能运用数智化工具进行信息处理,至少能熟练操作一种数智化工具,能进行基本的数据收集、处理和分析。

三、素质目标

1.具备持续学习能力,主动关注新技术、新应用,不断提升自身专业技能。

2.具备创新思维和解决问题的能力,面对数智化应用中的挑战和问题,能提出新颖的解决方案。

3.具备团队协作与沟通的能力,能有效沟通、协作,共同解决问题,实现项目目标。

4.具备社会责任感和伦理意识,遵守相关法律法规,秉持伦理原则进行技术应用。

5.具备适应变化的素质,能快速适应数智化时代带来的快速变化,灵活调整自己的知识结构和技能组合,保持竞争力。

6.具备国际化视野,能理解数智化技术的全球发展趋势,关注国际标准和最佳实践,为参与国际竞争与合作打下基础。

情景引入

达美乐比萨:一个成功的数智化转型故事

数智化转型的成功案例之一是达美乐比萨(Domino's Pizza),作为一家成立于1960年的全球知名连锁比萨品牌,达美乐比萨在2008年遭遇了前所未有的危机,股价跌至历史最低点,比萨销量也大幅下滑。

从2001年开始,达美乐比萨开始进行基础性投资,以改善其连锁店的POS销售系统。直到2007年,其科技投资主要集中在技术升级。2007年后,前期的科技投入逐渐转向更大规模的产品改造及定制化的在线订单系统。在大规模科技改造期间,达美乐比萨减少了与资本市场的沟通,直到改造成果逐渐显现。此后,达美乐比萨将技术升级定义为数智化转型战略。

到2018年,达美乐比萨已成为全美第五大电商公司。资本市场将其视为一家科技公司,只不过这家科技公司的产品是比萨。2009年至2018年,达美乐比萨的股票表现优于亚马逊和谷歌。2009年底,达美乐比萨的股价约为6美元,而到2018年,其股价最高达到305美元,9年间增长了近50倍。2020年10月2日,达美乐比萨的股价达到历史新高——433.78美元。

在数字创新领域,达美乐对其在线订购平台AnyWare、全球定位系统(GPS)以及车边送餐服务进行了改进,以适应快餐行业客户不断变化的需求。新冠疫情导致的经济低迷和餐厅停业使达美乐2020年3月的季度收入较2019年第四季度下降了24%,但2020年第三季度的收入增长了10.83%。网上订餐和外卖服务的普及被认为是这一显著增长的主要驱动力。

目前,达美乐订餐应用已拥有20多万个配送点,并成为Apple Watch、Amazon Echo和Google Home等平台上的热门应用。2020年第三季度,达美乐在美国的销售额约有75%来自数字渠道,较2020年第二季度增长了10%。对达美乐股价、收入和毛利润的10年分析显示,自2011年以来,数字创新使其股价上涨了2600%以上。反过来,数字比萨店的增加也促进了对更多实体门店的需求。

作为其永久菜单的一部分,达美乐在2020年第三季度推出了两款新的特色比萨,包括芝士汉堡比萨和鸡肉玉米饼比萨。尽管每份售价为11.99美元,但凭借独特的配料,它们在运输过程中的品质保持得更好。达美乐管理层计划采用一切能够改善顾客体验的方案,其中最重要的是优化配送服务。

在获客方面,5.99美元的"中号双拼比萨、面包卷、沙拉和大理石布朗尼蛋糕"组合套餐已成为吸引顾客的有力工具。客户还可以以相同的价格获得特色鸡块,只需支付7.99美元即可升级套餐,增加鸡翅、薄皮比萨和三拼比萨,仅需额外加价2.00美元。这些套餐不仅为门店带来了巨大的利润机会,也为顾客提供了高性价比的选择。这些价格策略是重要的价值平台,将助力公司迈向新的高度。

随着经济的逐步复苏和消费市场的回暖,食品消费将呈现增长态势,电子商务销量也将大幅提升,这将为达美乐比萨的网上订餐业务带来更广阔的发展空间。同时,中国作为全球最具潜力的消费市场之一,对比萨的需求量预计将持续增长。有报告预测,到2028年,中国对比萨的需求将以12%的复合年增长率增长,这为达美乐比萨在中国市场的发展提供了良好的经济环境。此外,非接触式配送方式的广泛普及,也进一步培养了中国消费者对比萨外卖的消费习惯,有力推动了比萨市场的需求增长。

达美乐比萨的成功之道在于将其自身转型为一个电商平台,同时专注于一种产品——比萨。这使得公司能够轻松控制各个环节的质量、成本和速度。随着越来越多的消费者使用达美乐比萨的电商平台,公司能够轻松获取消费者的口味变化信息,并预测新的需求,从而始终站在市场前沿。从"一切皆服务"(XaaS)商业模式的角度来看,达美乐比萨的商业模式可以被定义为"比萨即服务"(Pizza-as-a-Service)。

学习任务

1.1 数智化是什么

1.1.1 数智化的概念

数智化是数字化的高级阶段,在这个阶段,各种数字技术将进行充分融合,实现从量变到质变的飞跃。宏观上,数智化是通过新一代数字技术的深入运用,构建一个全感知、全连接、全场景、全智能的数字世界,进而优化再造物理世界的业务,对传统管理模式、业务模式、商业模式等进行创新和重塑。

对于企业而言,数智化让企业具有状态感知、实时分析、科学决策、精准执行的能力。数智化的本质是一种范式迁移。如图1-1所示,随着数字化的不断发展,企业提供服务的范式也在不断进化。互联网化的过程中企业遵循网络信息服务范式,网络和应用呈现松耦合的分离状态,内容和应用服务商占据主导地位,网络运营商被逐渐管道化。云化的过程中,企业遵循云服务范式,通过按需服务的方式高效整合资源,并逐级向上提供服务,其服务模式是单向的,公有云仅仅提供基础的资源和能力,应用和能力脱节。在数智化阶段,将形成新的以"数据—算法—服务"为核心的闭环,将数据的价值充分发挥出来,并通过全局优化的算法最大限度地提升服务的能力和水平,建立起差异化的竞争优势。

图1-1　以数据为核心的数智化闭环服务范式

这种数智化新范式,在诸多创新型企业中也得到了体现,如新兴技术企业特斯拉、老牌企业通用电气,以及国内的诸多互联网公司。这些创新型企业不是因为用户规模和能力规模而强大,而是借助海量用户数据通过算法提供高效服务而强大。

1.1.2　数智化的关键要素

创新型企业通过收集大规模数据,开发高质量算法,提供高效率服务,形成了以数据为核心的数智闭环发展范式。而未来企业之间的竞争将是"数据—算法—服务"这个新范式下的数智化核心能力的竞争,以这三个要素为核心构成的新发展范式将更容易从市场中脱颖而出,成为新的独角兽企业。

1)数据是数智化的基础,也是数智化的核心要素

"数据不是一切,但一切都在变成数据。"如今,数据已经不是传统意义上的数据,而是包括文字、照片、音频、视频在内的所有记录。信息管理专家、科技作家涂子沛在《数文明》一书中指出,传统意义上的数据是人类对事物进行测量的结果,是作为"量"而存在的数据;今天的照片、视频、音频不是源于测量而是源于对周围环境的记录,是作为一种证据、根据而存在的。从这个意义上讲,互联网技术的价值不仅在于连接,更在于通过记录形成沉淀数据的基础设施。

> **📖 知识小窗**
>
> 数据成为连接物理、信息和人类三元世界的重要纽带,因此也成为数智化的基础和核心要素。据多摩公司(DOMO)统计,2016年全球有34亿网民,而到2021年全球网民数量已增至52亿人。其中,中国数据量增速最为迅猛,预计2025年将增至48.6 ZB,占全球数据圈的27.8%,平均每年的增长速度比全球快3%,中国将成为全球最大的数据圈。
>
> 这些数字不仅仅是一个单纯的数据量,更代表其背后巨大的产业价值。2020年4月10日,《中共中央 国务院关于构建更加完善的要素市场化配置体制机制的意见》正式公布,首次明确数据成为新的生产要素之一。数据的力量,就如农耕之于古代文明,工业革命之于现代文明。商业领域已经发现了数据的价值,但数据带来的价值远不止这些,它将带来全新的产业变革,甚至催生一种全新的文明形态。

2)算法作为数智化的要素之一,发挥着创新源泉的作用

数据描述了物理世界发生的事情,一旦结合了算法就能迸发出令人惊叹的创造力。算法专家凯文·斯拉文指出,算法来源于这个世界,提炼这个世界,现在开始塑造这个世界。

"数据+算法"构造了人们认识这个世界的新方法,是在数字世界中进行科学实验的另一种表现形式。DeepMind提出的AlphaFold人工智能系统可以准确预测人类蛋白质98.5%的氨基酸结构,而在AlphaFold问世之前,传统实验室只研究了17%的蛋白质结构。2001年诺贝尔生理学或医学奖得主Paul Nurse曾说,理解蛋白质的功能对于提高我们对生命的认识是至关重要的,AlphaFold是生物创新的一次巨大飞跃。

创新型企业也通过"数据+算法"获得了竞争优势。

特斯拉通过在全球销售的上百万辆车,已收集了超过160亿km的真实行驶数据。特斯拉通过这些数据开发的自动驾驶算法在全球领先。特斯拉车辆安全报告显示,2021年第四季度,特斯拉自动驾驶参与的驾驶活动,平均碰撞事故率为1起/694万km(美国境内车辆平均碰撞事故率为8.9起/694万km)。

通用电气公司目前约有35 000台发动机,一台发动机的数据包中包含480个飞行参数,这些发动机每年可以产生超过1亿次的飞行记录,相当于每天捕获超过10^6TB的数据。2015年,飞行警告算法通过这些数据产生了约35万条警告信息,其中86%都是准确的。

互联网平台取得巨大成功的武器也是"数据+算法"。人们在浏览网页、网上购物、翻看视频、使用微信聊天,甚至驾驶汽车的过程中,无时无刻不在"贡献"自己的数据,互联网平台利用这些数据通过行为分析算法可以刻画出一个"数字化的你"。

> **📖 知识小窗**
>
> 目前,算法对于数据的价值挖掘才刚刚开始,80%的非结构化数据还没有得到真正的应用,这些数据需要人工智能算法进一步挖掘。为了充分利用数据价值,解决传统深度学习应

用碎片化难题,探索通用人工智能,众多人工智能领域头部公司将视线放在了拥有超大规模参数的预训练模型上。

基于 Transformer 架构,2018 年底开始出现一大批预训练语言模型,刷新了众多 NLP(自然语言处理)任务,形成新的里程碑事件,开启了基于大规模数据的预训练语言模型时代,这一时期的典型代表模型有 GPT、ELMo、BERT 和 GNN 等。2019 年,基于基础预训练语言模型的改进模型喷涌而出,包括 XLNet、RoBERTa、GPT-2、ERNIE、T5 等,在参与规模、运行效率、运行速度、模型效果等方面全面超越原有模型。尤其是在数据方面,每一代均比前一代有了数量级的飞跃,在语料的覆盖范围、丰富度上都有大规模的增长。到了 2020 年,预训练语言模型进一步发展,典型代表有 GPT-3、ELECTRA 和 ALBERT。与此同时,越来越多的研究人员选择了大规模预训练模型作为基础,将这一思想应用于语音和图像等领域,对场景数据进行建模,发布了多种改良版本的 BERT 模型,进一步挖掘非结构化数据的潜力。

3)场景是数智化应用的目标,企业的数智化业务离不开场景的支撑

对于企业来说,数字技术驱动业务发展才是核心目标,因此,与实际场景的深度融合是数智化的首要目标。企业家于英涛曾指出,在数智化时代,没有数据的场景是花架子,没有场景的数据是死数字,数据与场景一起相依相伴融合生长。数智化因场景而生,场景因数智化而立。在企业的数智化进程中,将各业务线中用户的痛点、难点、需求点场景化,既能满足用户需求,又能进行业务梳理并解决问题,同时帮助公司沉淀出新的智能化产品和服务,创造更多价值。

📖 知识小窗

在电信行业中,无线网络优化是一项非常重要的业务,传统优化方式需要大量人工参与硬件检查、话务报表统计、现场测试及收集用户投诉情况等过程,并以此为基础采取相关的措施对无线网络进行调整。整个过程费时费力,业务运行效率低且很难追踪评价。通过无线网智慧运维系统的建设,基于业务场景需求结合大数据、人工智能等智能化技术进行业务建模,可以自动完成异常网元处理、异常网元清单查询、数据质量评估等工作,保证对多厂家、多版本无线网数据进行质量检测、评估、派发工单及审核,大大提高了无线网运维效率,有效提升了网络质量。

例如,在医疗工作中,问诊是医生的核心工作,人们往往倾向于前往较高级别的医院寻求专家帮助。但是由于时间、地域、医疗资源等限制,经常出现"一号难求"的场景。而通过医院数智化转型建设,构建智慧诊疗系统,辅助医生完成简单病情的初步筛查,以及快速定位病情,可以减少医生问诊时间,从而节约时间帮助更多病人。同时可以开启线上问诊新模式,解决因时间、地域不便带来的无法接受更好医疗救治的问题。

在治安工作中,人物关系分析是其业务的关键一环,通常的方式是采取"人工走访+数据收集"的方式,耗时耗力且具有一定危险性。通过对业务需求进行梳理并利用终端设备等方式采集数据,然后通过人工智能等技术手段基于治安多业务场景进行具体需求建模,可以对人员多维度海量非结构化数据进行有效分析挖掘,定位所需人员信息。治安场景下人物关系智能分析系统建设可以帮助挖掘多维度数据中隐含的潜在人员关系,在减少人工成本的同时获取更加精准的情报信息。

通过电信、医疗、社会治理领域的典型应用场景可以看出,数智化在当今数字经济大背景下发挥着重要作用。场景是数智化应用的目标,根据场景找到需要的数据,利用数据在场景中发挥作用、产生价值,才能真正实现数智化应用。

1.1.3　数智化是数字化的全面升级

20世纪70—80年代,信息技术给企业带来了显著的经济效益。20世纪80年代后期,商业世界的复杂性急剧上升,使业务和管理的复杂性也随之上升,驱动数字技术不断升级和迁移。市场从确定性需求到不确定性需求的变化,是驱动企业数智化转型的基本动力。在企业数字化转型的早期,无论是客户关系管理,还是企业资源管理等信息化系统,都是基于大众化、规模化导向的确定性需求的。在数智化转型时代,企业面对的是一个更加不确定的、个性化的、碎片化的市场需求。在这种不确定的需求背景下,企业要想获得市场的青睐,就必须把握好用户的痛点、诉求、问题,全方位提升用户的体验。

因此,数智化转型是数字化转型的高级阶段,数智化转型建立在数字化转换、数字化升级的基础上,数据与算法深度结合,进一步触及公司核心业务,以新建一种商业模式为目标的高层次转型。数字化加速向数智化演进,不仅表现在智能化技术的应用上,还体现在产品形态、服务模式、管理思维上的全面升级。

1)从封闭孤立的技术体系走向开放融合的技术体系

数智化是技术的大融合,如图1-2所示。事实上,当前涌现出来各种各样的新技术,包括人工智能、区块链、云计算、大数据、物联网、第五代移动通信技术(5G)等,背后都有一个共同的逻辑:围绕数据,解决数据全流程中的特定问题。

其中,以机器学习和深度学习为代表的人工智能技术本质上是发现数据特征,解决数据预测的问题;区块链主要通过可信的数据账本,解决数据信用的问题;云计算通过共享存储、网络和计算资源,解决数据处理过程中的存储和算力问题;大数据技术通过分布式批、流处理,解决海量数据的处理问题;物联网解决的是数据感知的问题;5G解决的是高速数据传输的问题。传统上,这些技术是独立发展的,而数智化需要将这些技术充分融合起来,实现"美第奇效应"。

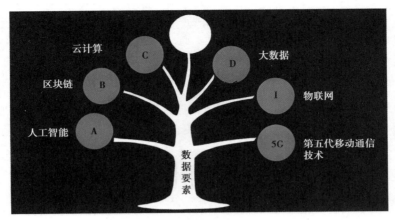

图1-2　数智化是技术的大融合

技术的融合必然导致技术的开放,没有一家企业能够掌控所有的技术,也没有一家企业能够管理和运营如此复杂的技术体系。所以,数智化时代技术体系的建立,必然是"混合云"模式。这里的混合云不仅仅是指资源层面将本地资源和云资源打通,更意味着将本地的技术体系和云端提供的面向公共服务的技术体系打通。实际上,无论是亚马逊、谷歌还是阿里巴巴的云服务,都通过云端来实现分布式数据库、海量数据分析、区块链、人工智能算法。

开源技术进一步推进了技术的开放,开源社区已经成为企业获取技术的主要源泉,头部技术企业也不断通过技术开源来建立技术生态。开源、开放成为数智化时代的鲜明特征。

2)从资产数据化到数据资产化

企业数智化的过程,从某种意义上就是企业资产数据化的过程。一方面,通过数智化实现资产的高效管理;另一方面,不断地通过在线化等手段,提升数智化资产的比例。过去,餐饮企业的门店位置至关重要,而现在餐饮企业在订餐平台上的口碑和评价更为重要,这些线上数据成为企业新的数智化资产。

企业在生产和经营过程中产生的大量数据,不仅对企业自身具有重要价值,更是企业的核心资源,是企业提升竞争力的源泉。进一步地,这些数据可以通过要素化实现资产化,从而在数据市场中通过数据交易,获得更高的价值。这个过程就是"数据要素化,要素资产化,资产价值化"的过程。

为了提升数据资产的价值,企业除了需要不断完善数据治理能力,还需要提升数据聚合能力。简单来说,就是将数据"升维"。所谓数据升维,就是将同一对象(这个对象可能是系统、人等)、不同维度的数据整合起来,实现对对象更加全面、深刻的认识。例如,用户精准画像、精准推荐系统、个人征信都需要将不同维度的数据整合起来"升维",才能实现更好的效果。而不同维度的数据往往掌握在不同企业手里,这进一步驱动了企业将数据变成资产,通过数据共享交易促进数据价值的提升。

3)从以产品为中心的运营能力到以客户为中心的敏捷能力

从企业的业务管理来看,数智化时代的企业需要具备敏捷的组织和反应能力,从而把握客户和市场的迅速变化情况,敏捷性是数智化时代的必然要求。传统的产品需求要进行系统化的分析论证、形成产品定义后再上线部署,而在敏捷迭代的方式下,企业通过用户角色模拟、聚焦小组分析、最小原型产品设计,可在最短时间内上线产品,迭代优化。在软件工业界,敏捷迭代已成为众多高效团队的制胜之道。

数智化是实现敏捷性的保障。通过数据快速把握变化,通过智能算法快速做出反应,这是数智化的要义。这个过程需要注意以下几个方面:第一,以客户为中心,"以客户为中心,提供优质的客户体验,保证密切的连接",是行业的普遍共识;第二,数据驱动的决策,让数据说话,让数据成为决策的主要依据,是提升决策水平的关键;第三,构建智能认知能力,仅有数据是不够的,数据质量可能不高,或者存在偏见(往往由数据采集不均衡导致),因此,在数据基础上构建可解释的认知能力,也是数智化的核心目标。

1.2　数智化技术的发展——构建数智化生态体系

数字化发展到数智化阶段,技术越来越复杂,协同越来越深入,开放共享越来越广泛,已经不是某一家企业能够全面掌控的,需要全行业,甚至多个行业的共同努力。这是"数字产业化"赋能"产业数字化"的过程。在这个过程中,非常关键的一点是构建数智化生态体系。

数智化生态体系的目标是通过数智化能力,实现产业链的高效协同和共同成长。数智化生态体系可以由一家行业领先的企业来主导,多个行业上下游合作企业参与;也可以由多家企业通过"产业联盟"的方式共同构建。数智化生态体系包括以下四个方面。

1.2.1　技术开放体系

将各种数智化技术能力通过通用的封装方式封装,形成技术开放体系。目前,行业内已经有多个这样的技术开放平台,如物联网云平台能支持泛在异构的物联网终端的接入和管理;人工智能开放平台支持多样化的通用人工智能算法的服务;区块链公共基础设施通过公链和联盟链等方式提供可信的数据存证服务;云原生平台支持云原生应用的开发和运行;等等。

1.2.2　数据共享体系

将数据进行封装后,在保障数据安全和隐私的前提下,实现数据共享。数据是企业的核心资产,通过数据共享可有效提升数据价值,促进数据要素化流动。目前,数据安全和隐私保护越来越重要,既要实现全系统、全流程的数据安全,又要充分聚合数据,挖掘数据价值,这就需要数智化生态具备安全的数据共享能力,这可以通过数据可信计算来实现,如联邦学习、安全多方计算等。

1.2.3 资源互通体系

除了技术和数据,用户资源、品牌资源、渠道资源、维护服务资源也都是生态体系中的重要资源。在传统行业,这些资源很难被共享,只有将资源数字化和在线化,才能真正激活这些资源。以渠道资源为例,只有通过构建线上线下协同的数字化渠道体系,才能将渠道资源优势充分发挥出来。进一步地,通过智能化的算法把这些资源的价值发挥出来。例如,对于互联网企业而言,用户资源尤为重要,用户规模是衡量一家互联网企业价值的重要依据。通过智能化的精准推荐算法,用户资源将具有更高的商业价值。在生态体系中将资源数字化、智能化,激活资源价值,并通过资源开放体系共享资源,提升资源的价值,是数智化生态体系的核心目标。

1.2.4 价值协同体系

生态协同的一个难点是协同效率,其本质是信任问题,其目标是构建高效率价值网络。价值网络(value network)是指公司为创造资源、扩展和交付货物而建立的合伙人和联盟合作系统。价值系统不仅包括公司的供应商、供应商的供应商及其下游客户和最终顾客,还包括其他有价值的关系,如大学里的研究人员和政府机构。传统的价值网络通过法律合同来保障,区块链智能合约的出现使基于区块链通证的"算法合约"成为可能。通过智能合约,生态系统中的多家企业可以建立高效的信任机制,让价值网络中的各个生产要素快速流动起来。目前,这种模式在供应链金融、投融资方面有成功的案例。未来,基于区块链的价值协同体系将成为数智化生态体系的重要环节。

通过数智化平台生态价值体系,可以形成"飞轮效应",加速行业数智化的发展,促进全生态内企业的数智化转型。数智化平台生态价值闭环如图1-3所示。

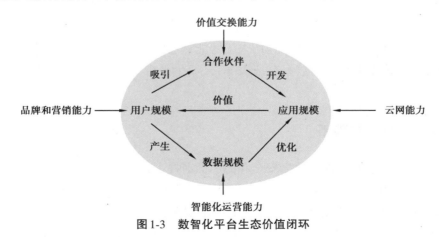

图1-3 数智化平台生态价值闭环

数智化平台生态价值闭环的核心是通过数智化能力的开放和共享,打造生态协同的规模效应。对于一个数智化生态体系而言,用户规模、数据规模、应用规模、合作伙伴的数量,构成了这个生态体系的核心要素。这些要素相互作用、相互促进。用户规模的扩大可以产生更多的数据,扩展数据规模;数据规模的扩大可以优化应用的智能化能力,提升应用的效率,并有助于提升应用服务的规模;用户规模的扩大还可以吸引更多的合作伙伴,而更多的合作伙伴可以提供更多的应用服务;应用服务规模的扩大和服务水平的提升,又能够吸引更多的用户。因此,要素之间互相促进,形成了良性循环,使生态系统快速发展。

数智化能力在支撑生态系统快速发展的过程中也发挥了重要作用,智能化云网能力可以支持应用规模的扩展和优化;智能化运营能力可以支持数据规模的扩大和价值提升;智能化的品牌和营销能力可以促进用户规模的扩大;价值交换能力可以促进合作伙伴之间的信任和高效合作。因此,数智化支撑能力是数智化生态体系有别于传统的生态体系的重要特征。通过数智化能力的加载,生态体系可以更加灵活、高效和开放。

📖 知识小窗

目前,已经有许多成功的生态型数智化平台的案例,包括腾讯微信小程序平台、小米 loT 平台、阿里云钉一体平台。

微信小程序是一种连接用户与服务的媒介,它可以在微信内被便捷地获取和传播。微信小程序具有体积小、方便获取及传播的特点。微信小程序平台是典型的将微信平台的资源共享给生态合作伙伴的模式。微信共享了用户资源和技术平台资源,帮助小程序开发商快速开发和部署应用服务,并且借助微信渠道快速拓展用户。而微信平台借助小程序为用户提供更多的增值应用,获得更多的用户行为数据,提升用户价值。

小米 loT 平台则面向智能家居、智能家电、健康可穿戴设备、出行车载等领域,开放智能硬件接入、智能硬件控制、自动化场景、AI 技术、新零售渠道等小米特色优质资源。目前,小米 loT 平台已接入产品超过 2 700 款,已连接智能设备数超过 3.74 亿台,5 件及以上 loT 产品用户数超过 740 万人。小米 loT 平台的核心在于构建了开放的生态,将品牌优势、硬件设计能力、服务能力等资源在整个生态系统中共享。

钉钉是由阿里巴巴官方推出的一款专为企业量身打造的统一办公通信平台。阿里云智能高管曾在发布会上表示,钉钉不仅仅是一个沟通工具,新钉钉的目标是成为中国最好的企业协同办公和应用开发平台,让所有业务环节的微小创新变得更容易,让进步发生。阿里云提出的云钉一体,将阿里云的云网能力、云原生的应用开发能力进行生态化开放,形成了面向企业协同办公的数智化生态。

1.3 数智化时代如何改变我们的生活

在数字化与智能化的浪潮中，我们正步入一个全新的数智化时代。这个时代不仅改变了我们的工作方式，更深刻影响着我们的日常生活，使我们的生活变得更加便捷、高效和丰富多彩。

1.3.1 便捷性提升

数智化技术使许多日常生活任务变得更加便捷。以智能家居系统为例，通过智能家居系统，我们可以实现远程控制家中的电器设备，从而极大地提升居住的舒适度和便利性。智能家居系统借助先进的技术手段，将各种家电设备连接在一起，形成一个智能化的家居网络。

在智能家居系统中，我们可以通过手机应用、语音助手或者智能面板等多种方式，轻松控制家中的灯光、空调、电视等设备。无论是在外出前忘记关灯，还是在家中某个角落想要调整灯光亮度，只需简单操作，就能实现远程控制，让生活更加便捷。

此外，智能家居系统（图1-4）还具备自动化和智能化的特点。它可以根据我们的生活习惯和偏好，自动调节室内温度和湿度，保持舒适的居住环境。当夜幕降临时，系统会自动打开灯光，为我们营造一个温馨的家庭氛围。同时，系统还能学习我们的使用习惯，逐渐优化设备的运行模式和节能效率，实现更加智能化的家居管理。

图1-4 智能家居系统

1.3.2 信息获取与交流方式变革

数智化变革不仅重塑了我们的生活和工作方式，还极大地提高了信息处理的效率和准确性,加强了人与人之间的联系。

1)数智化技术使信息的获取变得更为便捷和高效

传统的信息获取方式,如翻阅图书、查找档案等,不仅耗时耗力,而且受限于地域和时间的限制。而数智化技术的应用,使得人们可以通过互联网、移动设备等多种渠道随时随地获取所需信息。无论是查找资料、了解新闻,还是学习新知识,数智化都提供了更加便捷的途径。

2)数智化技术改变了人们的交流方式

传统的交流方式,如书信、电话等,虽然能够实现远距离的沟通,但存在一定的局限性。数智化技术的应用,如社交媒体、即时通信工具等,使人们可以更加便捷地进行跨地域、跨时间的交流。人们可以通过文字、语音、视频等多种形式进行交流,大大丰富了交流的内容和形式。

3)数智化技术促进了信息的共享和协作

在数智化时代,信息不再是孤立的、封闭的,而是可以被广泛共享和协作的。通过云计算、大数据等技术,人们可以更加方便地共享和整合各种资源,实现更加高效的协作和创新。这种信息共享和协作方式,不仅提高了工作效率,也促进了知识和文化的传播与交流。

然而,数智化也带来了一些挑战和问题。例如,随着信息的增长,如何有效筛选和甄别信息成为一个难题;同时,数智化也可能导致个人隐私泄露和信息安全问题。因此,在享受便利的同时,我们也需要加强信息管理和安全防护,确保数智化技术的健康发展。

总之,数智化促进了信息获取与交流方式的深刻变革,使得信息获取更加便捷、交流方式更加多样丰富、信息共享和协作更加高效。虽然其伴随着一些挑战和问题,但只要我们加以应对和解决,数智化技术就能继续为我们的生活和工作带来更多的便利和价值。

1.3.3 教育方式创新

数智化技术在促进教育方式创新方面发挥了重要作用,为教育领域带来了前所未有的变革。

1)数智化技术使教育资源得以更加广泛地传播和共享

通过数智化平台,教育者可以轻松地获取和分享各种教学资源,如课件、视频、音频等,极大地丰富了教学内容和形式。同时,学生也可以随时随地访问这些资源,进行自主学习和探究,打破了传统教育的时空限制。

2)数智化技术为个性化教育提供了可能

通过大数据和人工智能技术,教育者可以对学生的学习行为、兴趣偏好、能力水平等进行深入分析和挖掘,从而为学生量身定制个性化的学习计划和教学方案。这种个性化的教育方式能够更好地满足学生的需求,提高学习效率和学习兴趣。

3)数智化技术推动了教学模式的创新

例如,翻转课堂、在线协作学习等新型教学模式的兴起,使得教学过程更加灵活、互动和开放。学生可以在数智化环境中进行小组讨论、协作完成任务、实时反馈等,提高了学习的参与度和积极性。同时,数智化技术也为教育评估和反馈提供了更加科学和精准的手段。通过数据分析和挖掘,教育者可以更加客观地评价学生的学习成果和进步情况,及时调整教学策略和方法。此外,数智化技术还可以实现对学生学习过程的实时监控和反馈,帮助学生及时发现和纠正问题,提高学习效率(图1-5)。

图1-5　AI智能学习

然而,数智化在促进教育方式创新的同时也带来了一些挑战。例如,如何确保数智化教育的质量和公平性、如何保护学生的隐私和数据安全等问题都需要我们认真思考和解决。

综上所述,数智化技术为教育方式创新提供了强大的动力和支持,使教育更加智能化、个性化和高效化。未来,随着数智化技术的不断发展和完善,我们相信教育方式创新将会取得更加显著的效果。

1.3.4　健康与医疗改善

数智化技术在健康与医疗领域的应用,正在逐步改善人们的健康状况和提升医疗服务质量。具体来说,数智化技术带来的改善主要体现在以下方面。

在健康领域,数智化技术通过收集和分析个人健康数据,为人们提供了更加个性化和精准的健康管理方案。例如,智能手环、智能手表等设备可以实时监测心率、血压、睡眠质量等生理指标,并通过手机App将数据展示给用户。用户可以根据这些数据调整自己的生活习惯,改善健康状况。此外,数智化技术还可以应用于健康咨询和健康管理服务,为用户提供专业的健康建议。

在医疗领域,数智化技术则通过提高医疗服务的效率和质量,为患者带来更好的就医体验。例如,通过电子病历、医疗大数据等技术手段,医疗机构可以更加高效地管理患者的病历信息和治疗记录,提高医疗服务的效率和质量。同时,数智化医疗平台还提供了在线预约挂号、健康咨询、自助查询等服务,方便患者进行自我管理和就医操作。此外,人工智能技术的应用也在医疗领域取得了显著进展,如智能诊断、智能药物研发等,进一步提高了医疗服务的精准性和效率(图1-6)。

图1-6 智能医疗系统

总之,数智化技术为人们提供了更加高效、便捷、精准的健康管理和医疗服务。随着技术的不断进步和应用场景的拓展,数智化技术将在健康与医疗领域发挥更大的作用,为健康和医疗事业带来更多的福祉。

1.3.5 娱乐与休闲方式多样化

数智化技术正在极大地促进娱乐与休闲方式的多样化,让人们的日常生活更加丰富多彩。

1)数智化技术为娱乐产业带来了巨大变革

在电影领域,特效和虚拟现实技术的应用使得电影制作更加精彩纷呈,为观众带来沉浸式的观影体验。在音乐产业中,音乐平台和个性化推荐系统能够让人们更方便地获取和享受音乐,满足不同人的音乐口味。游戏行业更是受益于数智化技术的发展,从传统的家用游戏机到如今的移动游戏、虚拟现实游戏,游戏的形式和内容不断丰富,吸引了更多的玩家。

2)数智化技术改变了人们的休闲方式

通过智能手机、平板计算机等设备,人们可以随时随地访问各种娱乐应用和内容,不再受时间和地点的限制。无论是在家中还是户外,人们都可以享受到智能化娱乐带来的乐趣(图1-7)。此外,数智化技术还为社交活动提供了新的方式,例如通过在线社交平台、虚拟社区等,人们可以跨越地域限制,与全球的朋友进行交流和互动。

3)数智化技术为文化和艺术领域的创新提供了可能

通过数智化手段,传统的文化艺术形式得到了新的传承和发展。例如,虚拟现实技术可以让人们身临其境地体验古代的文化场景和艺术作品,加深了对传统文化的认识和感受。此外,数字化博物馆、数字图书馆等项目的建设也使得人们可以更加方便地获取和欣赏到各种文化和艺术资源。

图1-7 智能化娱乐休闲

综上所述,数智化技术通过推动娱乐与休闲方式的多样化,为人们的生活带来了更多的乐趣和可能性。随着技术的不断进步和应用场景的不断拓展,数智化在未来将继续引领娱乐与休闲产业的发展,为人们创造更加美好的娱乐体验。

1.4 案例——百强餐饮企业七成用钉钉: 餐饮业数智化转型新思路

伴随着AIGC(人工智能生成内容)时代的到来,各行各业都开始探索转型之道,力求通过数智化手段实现更高层次的运营与发展。而对于餐饮品牌而言,实现内部精细化管理和供应链优化,将是品牌稳健成长的核心驱动力,尤其是对于大型连锁餐饮企业而言,数智化转型已不再是选择题,而是关乎生存与发展的必答题。

然而在现实中,许多餐饮品牌正面临着系统分割、数据壁垒等诸多问题,例如考勤、质检、培训、销售跟踪以及配送管理等关键环节通常被分散在独立的系统中,管理者必须在不同平台上频繁切换操作,各平台数据无法实现互联,极大地制约了管理效率的提升。为此,钉钉凭借其强大的数智化服务能力,通过数据高效流转解决信息孤岛问题,目前已成功为超过70%的餐饮头部企业提供了一体化的数智化解决方案。

以全国直营烧烤连锁品牌木屋烧烤为例,该企业拥有350余家门店,覆盖18个主要城市,员工总数逾7 000人。企业由于面临着多系统并存导致的数据不通、审批耗时过长的问题,决定引入钉钉作为数智化底座。钉钉为木屋烧烤实现了各系统的无缝对接,数据流动性显著增强,审批时效也从原来的两天大幅缩短至20分钟以内,切实解决了长期以来困扰公司的管理效率问题。值得一提的是,钉钉低代码平台为木屋烧烤量身定制的门店品质检查系统,目前已显著提升了门店现场管理效能,一线门店的各项管理指标因此提升了20%,为门店业务增长注入强劲动能。

而面临单店规模庞大、员工数量众多等管理难题的海鲜酒楼知名品牌徐记海鲜,也选择了钉钉和红海云一体化人力管理系统。其中,红海云为徐记海鲜搭建一体化人力资源管理数智化平台,多个重要业务系统深度融合,使徐记海鲜这家传统餐饮门店实现成功蜕变,以及人力资源业务全流程闭环式管理,引领餐饮行业人力资源数智化变革。

作为潮汕牛肉火锅的代表品牌,八合里牛肉火锅在全国范围内已扩展至200多家门店,以其独特的"屠宰到上桌仅需四小时"的极致效率闻名业界,对数据精准度、管理效率与核算均有着极高的标准。八合里牛肉火锅充分利用钉钉宜搭构建的人效分析系统,确保每份牛肉的配送与销售状况均有据可查,灵活调配,业绩透明。而面对人员流动频繁引发的管理难题,钉钉规范化了员工入职、转岗、调动和离职流程,同时提升了薪资计算的准确性和效率。目前,八合里牛肉火锅的信息化业务团队不到10人,却能够通过钉钉平台高效地服务于全公司6 000多名员工,充分展现了数智化技术所带来的强大管理赋能,做到实实在在地"降本增效"。

餐饮品牌全面拥抱数智化发展不仅至关重要,而且势在必行。钉钉凭借其高度定制化、行业适用性强的解决方案,不断赋能各类餐饮企业突破瓶颈,真正构建起坚实的数智护城河。在未来的发展中,钉钉还将致力于为千行百业实现全流程数智化转型升级,在激烈的市场竞争中勇立潮头。

知识延伸

数智化转型进程的普遍误区

数智化在组织内部的推进程度,存在四种组织形态,多数企业往往认为已通过数智化技术的引入、数智化小组的建立完成数智化组织的转型,然而,市场上大部分企业组织作为数智化加强者、追随者,其数智化程度仍然处于战术型和集中型两种形态之间,还需进一步向冠军型、全面融入型组织形态演进,从而蜕变为数智化的创新者。

1)战术型组织形态

战术型组织形态通常仅基于业务开展数智化,以提高效率、促进业务发展为目的,并非从战略角度进行数智化承接,在实际转型推进上,常仅在某些业务单元内引入数智化技术(如数字营销、在线销售平台等)。

2)集中型组织形态

集中型组织形态通常在企业内部建立专业数智化小组,由专业小组持续推进技术、产品以及工作方式的创新,借助与核心业务团队的紧密协作,提高数智化在公司战略中的优先级。

3)冠军型组织形态

随着企业数智化程度的深入,冠军型组织形态逐步呈现。在这一组织形态中,组织内部往往已形成明确的、经过充分沟通的数智化战略,在组织内部拥有高度一致的工作目标与开放的沟通协作方式,而专业的数智化小组的主要任务转变为传递、分享与培训数智化相关的知识技能。

4)数智化全面融入型组织

数智化全面融入型组织不再需要专门的数智化小组,具备数智技术的人员也将回归各业务部门,企业在文化、流程、业务模式与技术层面都已实现数智化,并成为企业日常运营的一部分,业务具备高度的灵活性,能在组织的各个层面响应变革需求。

单元练习

一、填空

1.在数智化转型时代,企业面对的是一个更加_____、_____、_____的市场需求。在这种不确定的需求背景下,企业要想获得市场的青睐,就必须把握好用户的_____、_____、_____,全方位提升用户的体验。

2.企业在生产和经营过程中产生的大量数据,不仅对企业自身具有重要价值,更是企业的核心资源,是企业提升竞争力的源泉。进一步地,这些数据可以通过要素化实现资产化,从而在数据市场中通过数据交易,获得更高的价值。这个过程就是"_____、_____、_____"的过程。

二、讨论

1.结合对数智化概念的理解,探讨数智化如何在未来5年内进一步提升企业的竞争力,请列举具体的行业或企业案例进行支持。

2.数智化生态体系中的"技术开放体系"和"数据共享体系"对数据安全和隐私保护提出了哪些挑战?你认为应该如何应对这些挑战。

3.数智化时代带来了哪些健康与医疗方面的改善?请结合具体例子讨论数智化技术在医疗过程中可能面临的伦理问题。

三、实战

利用钉钉或其他数智化协作平台,组织一次班级或团队活动,实践数智化协作,活动结束后撰写一份200字的活动总结,反思数智化工具带来的便利与挑战。

第2章 数智文化建设

一、知识目标

1.认知数智化浪潮下传统知识作为文化根基与创新源泉的重要角色。
2.掌握数智化技术赋予传统知识新生命力的手段及应用价值。
3.理解教育信息化在新时代的发展趋势及其对教育内容与方式的变革影响。
4.熟知我国教育信息化政策、项目及措施的战略意义。

二、能力目标

1.能独立分析数智化技术与传统知识结合的案例,评估效果与影响。
2.能熟练运用教育信息化资源,提升学习效率,参与实践项目。
3.能设计或参与简单的教育信息化项目,如在线课程、智慧教室应用。
4.能有效解读教育信息化政策文件,评估项目可行性,提出改进建议。

三、素质目标

1.具备创新思维,能有效融合数智化技术与传统知识,进行跨学科探索。
2.具备独立思考能力,能对数智化技术应用案例开展批判性评估,形成独特见解。
3.能在数智化及教育信息化项目中,有效沟通协作,提升团队效能。
4.面对数智化变革,具备适应、挑战与自我调整的韧性品质。

情景引入

技术融合学科,触发深度学习,成就"智慧"丁慧

科技不仅能够冲破教育的时空限制,还可以更好地与人的体验和情感融合,进而触达教育本质。利用大数据、人工智能等智慧技术构建"人人皆学、处处能学、时时可学"的智能教育环境,推进人工智能(AI)与教育结合是必然趋势。教育改革与发展,需要实施精准化教学,优化教学效果,提高教学效率,改变教师专业发展方式与路径,提升教师素养,再造管理

流程,建立现代学校管理制度。运用智慧技术服务学生的核心素养的培养,是每所学校都亟待思考并有效落实的重要使命。

浙江师范大学附属丁蕙实验小学(以下简称"丁蕙小学")从建立之初,就将打造智慧校园作为发展目标和办学特色。在全面建设校园的过程中,学校先后获得了"全国智慧校园示范校""中国智慧教育工程实验校""浙江省智慧教育示范校""杭州市智慧教育示范校"等20多项综合荣誉,成为一所知名的现代化智慧学校新星。

在教育改革发展的进程中,浙江省紧紧围绕实现教育现代化这一主线,在智慧教育发展方面,探索形成了"领导力、服务体系、深度应用、教师能力、基础设施"五个工作推进维度和"以技术推动课程实现与提升、以技术提高学生认知水平、以技术增强学生学习内驱力、以技术改变教育供给方式、以技术提升教师专业能力、以技术推进教育精准管理"六条路径。丁蕙小学紧随这一主线,在发展智慧教育过程中,借助虚拟现实(VR)技术、共享技术、白板技术、交互技术、模拟技术、可视技术等信息技术,不断推进素质教育和信息技术的深度融合,促进家校的共融共通,提高学生的核心素养,通过持续全面的探索,取得了显著的育人效果(图2-1)。

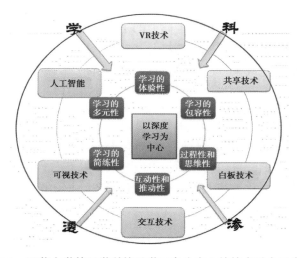

图2-1　丁蕙小学基于学科的以学习者为中心的技术融合示意图

学习任务

2.1　数智化与传统知识的结合

2.1.1　数智化发展中传统知识的重要性

随着科技的日新月异,数智化的发展已经渗透到我们生活的方方面面,为我们带来了前所未有的便利和机遇。然而,在数智化的进程中,我们不能忽视传统知识的重要性。传统知识不仅是我们民族的瑰宝,更是数智化发展的重要基石和灵感源泉。

1)传统知识蕴含着丰富的智慧和经验

传统知识蕴含的智慧和经验是历代先贤经过长期实践积累而成的,它们具有深厚的历史底蕴和使用价值。我们可以从传统知识中汲取灵感,将其应用于现代科技,从而推动数智化的创新和发展。

例如,在人工智能(AI)决策系统中,我们可以引入传统知识中的决策理论,具体来说,传统知识可以帮助 AI 决策系统更好地理解问题背景。在实际应用中,很多问题涉及复杂的社会、文化和历史背景,而 AI 决策系统往往缺乏对这些背景信息的感知和理解。通过引入传统知识,我们可以为 AI 决策系统提供更多关于问题背景的信息,使其更准确地把握问题的本质。此外,传统知识还可以为 AI 决策系统提供指导原则。在很多情况下,决策不仅仅是一个简单的数据处理问题,还需要考虑到道德、伦理和价值观等方面的因素。传统知识中的智慧可以为 AI 决策系统提供这些方面的指导,使其在决策过程中更加符合人类的价值观和道德标准。

> 📖 **知识小窗**
>
> 在引入传统知识的过程中,我们也需要注意一些问题:要确保传统知识的准确性和可靠性,避免因为信息错误而决策失误;要关注传统知识与现代科技的融合问题,确保两者能够相互协调、相互促进。

总之,在 AI 决策系统中引入传统知识具有重要意义。通过充分利用传统知识的价值,我们可以进一步提升 AI 决策系统的性能和效果,使其更好地服务于人类社会的发展。

2)传统知识有助于我们保持文化特色和民族认同

在快速发展的数智化时代,我们的生活被各种智能设备和算法深刻改变着。人们享受着科技带来的便捷和高效,但也不能忽视传统知识在维护文化特色和民族认同方面的重要作用。

传统知识蕴含着丰富的历史和文化内涵,它代表着一个民族的精神面貌和智慧结晶。无论是古老的文学作品、传统的艺术形式,还是世代相传的民间故事和风俗习惯,都承载着深厚的民族情感和文化记忆。这些传统知识不仅是我们了解过去的窗口,更是我们塑造未来、保持文化多样性的基石。

在数智化进程中,传统知识为我们提供了独特的文化标识。在全球化背景下,各种文化相互交融、碰撞,如果没有传统知识的支撑,我们很容易在文化的洪流中迷失方向。而传统知识像一盏明灯,指引我们保持文化特色,让我们在多元文化的世界中独树一帜。

此外,传统知识还有助于增强我们的民族认同感和归属感。在一个充满变革和不确定性的时代,民族认同感和归属感显得尤为重要。传统知识通过讲述中国历史、传承中国文化,让我们更加深刻地认识到自己属于哪个民族、哪个国家。这种认同感不仅能够增强我们的自信心和自豪感,还能够激发我们为民族的繁荣和发展贡献力量的动力。

总之,在数智化进程中,传统知识是我们保持文化特色和民族认同的宝贵财富。我们应该珍视并传承它们,使其在新的时代背景下焕发出更加绚丽的光彩。

3)传统知识具有独特的价值和应用前景

虽然现代科技已经取得了巨大的进步,但传统知识中仍有许多未被充分发掘的价值和应用前景。通过深入研究传统知识,我们可以发现其中蕴含的潜在价值和新的应用方向,为数智化的发展注入新的动力。

当然,数智化进程也为传统知识的传承和创新提供了新的机遇。我们可以利用现代科技手段,将传统知识以数字化、网络化的形式进行呈现和传播,让更多的人了解和认识传统文化。同时,我们也可以在传统知识的基础上进行创新和发展,创造出具有时代特色的新文化形态。

> 📖 **知识小窗**
>
> 借助数智技术,可以将古籍、珍贵文献等转化为数字形式,不仅方便保存和传承,还使更多人能够接触到这些宝贵的传统知识。例如,通过高分辨率扫描和图像处理技术,可以将古籍的每一页都转化为清晰的数字图像,并建立起在线的数字图书馆,供全球范围内的研究者、学者和大众访问。

综上所述,数智化发展中要充分体现传统知识的重要性。我们应该注重传统知识的传承和发扬,将其与现代科技相结合,推动数智化的创新和发展。同时,深入挖掘传统知识的价值和应用前景,为数智化的发展注入更多的智慧和力量。

2.1.2 数智化的发展:传统知识的崭新体现

随着科技的飞速发展,数智化已经成为现代社会发展的核心动力。在这一过程中,许多传统知识在数智化的大背景下得到了新的体现和应用,展现了传统知识与现代科技的完美融合。

1)数智化的发展体现了传统哲学思想的智慧

在传统知识中,变化与稳定是相对的,一切都在不断地变化中,但又有着内在的稳定性和规律性。数智化的发展正是如此,它不断地推动着社会各领域的变革,但其背后也遵循着数据和信息处理的规律。例如,大数据和人工智能技术的运用,使我们能够更精准地把握市场趋势,预测未来走向,这正是传统哲学中"知变则胜"智慧的体现。

2)数智化的发展展现了传统知识的实践性特点

传统知识注重实践和应用,数智化同样如此。在数智化的推进过程中,我们不断地将理论知识转化为实际应用,解决现实生活中的问题。例如,在智能制造领域,数智化技术的应用使得生产效率得到了极大提升,产品的质量和性能也得到了保障,这正是传统知识中"学以致用"思想的体现。

3)数智化的发展体现了传统知识的系统性和整体性思想

传统知识强调整体把握和系统思考,数智化同样注重从全局出发,构建完整的信息化体系。在数智化的过程中,我们不仅关注单一技术的创新和应用,更注重不同技术之间的交叉融合,形成一个完整的技术体系。这种系统性的思维方式,正是传统知识中"整体大于部分"思想的体现。

4)数智化的发展体现了传统知识中的人文关怀

在数智化的推进过程中,我们不仅要关注技术的创新和应用,更要关注人的需求和感受。数智化技术的应用应该以改善人们的生活质量为目标,让科技真正为人类服务。这种以人为本的理念,正是传统知识中人文关怀思想的体现。

综上所述,数智化的发展中体现了许多传统知识的智慧和思想。这些传统知识在数智化的大背景下得到了新的体现和应用,使数智化的发展更具深度和广度。未来,随着数智化技术的不断进步和应用,我们相信传统知识将在其中发挥更加重要的作用,为社会的发展贡献更多的智慧和力量。当然,数智技术与传统知识的结合并不是一件简单的事情。我们需要深入研究传统知识的内涵和价值,同时掌握现代人工智能技术的最新进展和应用。只有这样,我们才能够真正发挥出数智技术与传统知识结合的优势,推动人工智能技术走向更加广阔的领域(图2-2)。

图2-2　传统生活的数智化转变

2.2 数智化技术在行业中的典型应用案例

2.2.1 食品行业的数智化技术应用：创新引领未来

随着科技的飞速发展,数智化技术逐渐渗透到各行各业,其中食品行业也不例外。数智化技术的运用不仅提高了食品生产的效率,还保障了食品的质量和安全,为食品行业带来了前所未有的发展机遇。

在食品生产过程中,数智化技术发挥了重要作用。首先,智能化生产管理系统通过线上数字技术,实现了对生产流程的精细管控。从原料采购、生产加工到仓储物流,每个环节都能得到精确控制,从而确保产品质量。此外,利用大数据分析,企业可以精准预测市场需求,合理安排生产计划,避免产能不足或过剩的情况发生。

在食品安全方面,数智化技术同样发挥着关键作用。通过物联网技术,企业可以实时监控生产环境、设备运行状态及产品质量,及时发现并处理潜在的安全隐患。同时,利用区块链技术,企业可以建立食品安全追溯体系,确保食品来源的透明性和可追溯性,为消费者提供更加放心的食品(图2-3)。

除了生产和安全领域,数智化技术还在食品行业的其他领域发挥了积极作用。例如,通过智能营销系统,企业可以精准定位目标客户,制订个性化的营销策略,提高市场占有率。此外,利用大数据分析,企业还可以对消费者行为进行深入研究,为产品研发和升级提供有力支持。

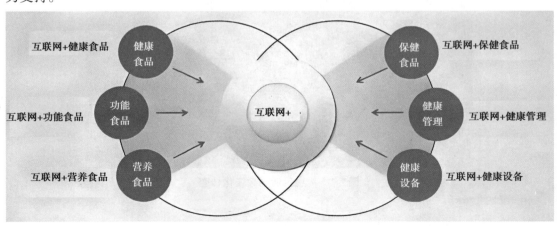

图2-3 食品行业的数智化发展

本节将以某知名食品加工企业为例,详细探讨数智化技术在食品行业的应用及其所带来的积极影响。

📖 案例展示

某食品加工企业一直致力于提供高品质、健康美味的食品产品,然而在市场竞争日益激烈的背景下,企业面临着生产效率低下、成本控制困难等问题。为了解决这些难题,企业决定引入数智化技术,通过技术创新实现业务升级。

解决方案:

①在生产环节,该企业采用了智能化生产管理系统。通过线上数字技术,企业能够实时监控生产车间的各项数据,如设备运行状态、原料使用情况等。该系统根据销售订单自动制定生产任务单,当仓库生产原料不足时,系统会自动生成采购单,确保生产过程的连续性。同时,质检环节也实现了数智化,通过智能设备对产品质量进行自动检测,确保产品符合相关标准。

②在供应链管理方面,该企业借助数智化技术实现了企业财税一体化发展。通过线上进销存、财务管理等系统模块,企业可以实时掌握原料质量信息、库存数量及价格等关键数据。业务人员无论身处何地,都能通过移动端实时查看相关数据,提高了决策效率和响应速度。此外,财务人员利用线上数据汇总单据,通过系统自动生成财务数据报表,减少了人工操作,提高了工作效率。

③在销售环节,数智化技术也发挥了重要作用。企业运用大数据分析技术,对消费者的购买行为、喜好等进行深入挖掘,从而制订出更精准的营销策略。同时,企业还通过线上平台开展电商业务,拓宽了销售渠道,提高了品牌知名度。

④通过数智化技术的运用,该食品加工企业实现了生产效率的大幅提升、成本的有效控制及市场竞争力的显著增强。数智化技术不仅提高了企业的生产和管理水平,还为消费者提供了更加便捷、个性化的购物体验。

尽管数智化技术为食品行业带来了诸多优势,但也存在一些挑战和问题。例如,技术更新换代迅速,企业需要不断投入资金进行技术研发和升级;同时,数智化技术的应用也可能引发数据安全和隐私保护等方面的问题,企业需要加强信息安全管理和防范。

总之,数智化技术在食品行业的应用已经取得显著成效,为行业的发展注入了新的活力。未来,随着技术的不断进步和创新,数智化技术将在食品行业发挥更加重要的作用,推动行业实现更加高效、安全、可持续的发展。同时,企业也需要不断适应和应对数智化技术带来的挑战和问题,以确保在激烈的市场竞争中立于不败之地。

此外,数智化技术的应用也将进一步促进食品行业的产业升级和转型升级。随着消费者需求的不断变化和升级,传统的食品生产方式已经难以满足市场的需求。而数智化技术可以通过精准分析市场需求、优化生产流程、提高产品质量等方式,帮助企业实现产业升级和转型升级,满足市场的多元化需求。

同时,数智化技术还将促进食品行业的跨界融合和创新发展。随着技术的不断革新和跨领域的应用,食品行业将与其他行业产生更多的交集和融合,如与医疗健康、旅游休闲等行业的融合,为消费者带来更加丰富、个性化的食品消费体验。

总之,数智化技术是食品行业未来发展的重要方向和动力。随着技术的不断创新和应用,食品行业将迎来更加广阔的发展空间和机遇。同时,企业也需要不断加强技术研发和提升创新能力,积极应对数智化技术带来的挑战和问题,以实现更加高效、安全、可持续的发展。

2.2.2 医药行业的数智化技术应用:驱动行业创新与发展的新引擎

随着信息技术的飞速发展,数智化浪潮正席卷各行各业,医药行业作为关乎国计民生的重要领域,也在积极探索数智化应用的道路。数智化不仅为医药行业带来了前所未有的机遇,也为其注入了新的活力,推动行业向更加高效、智能的方向发展。

医药行业数智化应用的一个显著特征是数据驱动的决策。通过收集、整理和分析海量数据,企业能够更精准地把握市场动态、患者需求及产品研发方向。例如,在临床试验中,借助大数据分析技术,研究人员可以快速筛选潜在的有效药物,提高研发效率,缩短新药上市时间。同时,通过对患者数据的深度挖掘,医生能够制订更加个性化的治疗方案,提高治疗效果和患者满意度。

此外,物联网技术也在医药行业中发挥着越来越重要的作用。从药品的生产、流通到使用环节,物联网技术可以实现全程监控和追溯。这不仅有助于保障药品的质量安全,还能提升药品供应链的透明度和可追溯性。同时,智能医疗设备的应用也使得医疗服务更加便捷高效,患者可以在家中通过智能设备进行自我监测和管理,减轻医院负担,提高医疗资源的利用效率。

人工智能技术的应用则为医药行业带来了更多可能性。通过深度学习等技术,AI可以辅助医生进行疾病诊断、治疗方案制订以及药物研发等工作。例如,AI图像识别技术可以用于医学影像的分析和解读,提高诊断的准确性和效率;AI算法还可以用于预测疾病的发生和发展趋势,为预防和治疗提供科学依据。

然而,医药行业数智化应用也面临着一些挑战和问题。如何确保数据的安全性和隐私保护是亟待解决的问题;同时,如何培养具备数智化技能的人才队伍也是行业发展的重要课题。此外,数智化应用的推广和普及还需要企业和社会各界的共同努力和支持。

医药行业数智化应用是一个不断发展和完善的过程。随着技术的不断进步和应用场景的不断拓展,数智化将在医药行业中发挥更加重要的作用,推动行业更加高效、精准和可持续发展。未来,我们有理由相信,数智化将成为医药行业创新和发展的重要引擎,为人类健康事业贡献更多力量。

2.2.3 制造行业开启数智化技术应用的新篇章

在当今这个信息化、智能化的时代,制造行业正经历着一场前所未有的变革。数智化技术的广泛运用,正在深刻改变着制造行业的生产方式、运营模式和产业链布局,引领制造行业迈向新的发展阶段。

首先,让我们来看看数智化在制造行业中的具体应用(图2-4)。借助物联网、大数据、云计算等先进技术,制造企业可以实现对生产设备的实时监控和远程操控,大幅提高生产效率和设备利用率。同时,通过引入人工智能和机器学习算法,企业还可以对生产过程进行智能优化,提高产品质量和降低生产成本。

除了在生产环节的应用,数智化还贯穿于制造行业的供应链管理、市场营销等多个方面。借助数智化平台,企业可以实现对供应链各环节信息的实时共享和协同,提高供应链的响应速度和灵活性。同时,通过大数据分析,企业可以更精准地把握市场需求和消费者行为,制订更有效的市场策略和营销方案。

数智化在制造行业中的广泛应用,不仅带来了企业生产效率的提升,开发出更低成本的具有竞争优势的产品,而且推动了制造行业的创新和发展。一方面,数智化技术为企业提供了更多的创新空间;另一方面,数智化技术也推动了制造行业的产业升级和转型,使制造行业更加适应现代经济社会的发展需求。

然而,数智化在制造行业中的运用也面临着一些挑战和问题。如数据安全和隐私保护问题、技术更新换代的压力、人才培养和引进的难题等。因此,制造企业需要积极应对这些挑战,加强技术研发和创新,完善数据安全保障措施,加强人才培养和引进,推动数智化技术在制造行业中的深入应用和发展。

图2-4 制造行业的数智化

📖 **案例展示**

以沃尔沃重型卡车公司(以下简称"沃尔沃")为例。该公司为了优化制造流程和提高生产效率,于2015年启动了数字化制造改造计划。通过引入先进的数字化技术,沃尔沃实现了对生产过程的精准控制。这不仅提高了生产线的自动化程度,还减少了人为错误,确保了产品质量。此外,数字化技术还帮助沃尔沃实现了生产资源的优化配置,降低了生产成本,提升了企业竞争力。

在国内,广汽乘用车公司也是数字化制造技术的积极应用者。该公司在新厂区的生产车间中广泛采用了数字化制造技术,建立了智能化生产流程和现代化生产资源分配系统。通过建立生产车间的数字化模型,广汽乘用车公司实现了生产现场的虚拟化,从而能够实时监控生产进度和资源利用情况。这不仅提高了生产资源的利用率和生产效率,还为企业节省了大量的生产成本。

除了汽车行业,机床行业也是数智化技术的重要应用领域。在机床制造过程中,数智化技术能够实现机床设计、加工和检测的全面优化。例如,通过引入仿真技术,企业可以在实际生产前对机床的性能进行精确预测和评估,从而避免了因设计缺陷导致的生产延误和成本损失。同时,数智化技术还可以帮助机床企业实现产品的定制化生产,满足客户的个性化需求。

此外,制造行业的数智化应用还体现在智能物流管理方面。例如,在上海纳铁福康桥数字化工厂中,通过引 apk qie 入3D视觉检测系统和AGV智能配送系统,实现了物料搬运和生产的全面自动化。这不仅提高了生产效率,降低了人工成本,还减少了人为操作导致的错误和事故。

总之,数智化技术为制造行业带来了无限的可能性和机遇。制造企业应积极探索数智化运用的新路径和新模式,不断推动制造行业的转型升级和创新发展,为实现制造强国的目标贡献自己的力量。

2.2.4　商贸行业数智化应用引领未来新趋势

随着科技的快速发展,商贸行业正迎来一场深刻的数智化变革。数智化运用不仅提升了商贸企业的运营效率,更在商业模式、市场布局、供应链管理等方面带来了前所未有的创新。

在商业模式上,数智化技术为商贸企业提供了更加多元化的选择。通过大数据分析,企业可以精准定位目标市场,制订个性化的营销策略。同时,人工智能技术的应用也为企业提供了智能客服、智能推荐等服务,提升了客户满意度和忠诚度。在市场布局上,数智化技术使商贸企业能够更加灵活地应对市场变化。借助云计算和物联网技术,企业可以实时监测市场动态,及时调整库存和销售策略。另外,通过跨境电商平台,企业还可以轻松拓展国际市场,实现全球化经营。在供应链管理上,数智化技术为企业提供了更加高效的协同管理方式。通过区块链技术,企业可以确保供应链信息的透明度和可追溯性,降低运营风险。同时,智能物流系统的应用也提高了物流效率和降低了物流成本。另外,数智化运用还在商贸行业的多个领域发挥着重要作用。例如,在零售领域,智能货架、无人店等新型业态不断涌现;在批发领域,电子商务平台为买卖双方提供了更加便捷的交易方式;在国际贸易领域,数智化贸易平台则推动了贸易便利化和自由化。

📖 **案例展示**

智能供应链管理系统提升物流效率

某大型商贸企业,面对日益增长的订单量和复杂的供应链管理难题,决定引入智能供应链管理系统。该系统通过大数据分析和人工智能算法,实现了对供应链各环节的精准预测和优化。从订单处理、库存管理到物流配送,整个流程实现了自动化和智能化,大大提高了物流效率和客户满意度。同时,该智能系统还能根据市场需求实时调整库存,有效降低库存成本和滞销风险。

数智化营销助力市场拓展

一家中小型商贸企业,面对有限的资源和激烈的市场竞争,借助数智化营销手段成功打开了市场。该企业利用大数据分析,精准定位目标客户群体,并通过社交媒体、搜索引擎等渠道进行精准推广。同时,该企业还建立了线上商城和会员系统,通过积分兑换、优惠活动等方式吸引和留住客户。这些数智化营销手段不仅提高了品牌知名度,也带来了可观的销售额。

智能客服系统提升客户体验

在客户服务方面,一家商贸企业引入了智能客服系统。该系统能够自动识别客户问题,并通过自然语言处理技术进行快速准确的解答。对于复杂问题,该系统还能自动转接人工客服,确保客户问题得到及时解决。这种智能化的客户服务方式不仅提高了客户满意度,也减轻了人工客服的工作负担,提升了企业的服务效率。

然而,数智化运用也带来了一定的挑战。企业需要加强数据安全保护,防止信息泄露和滥用。同时,还需要培养具备数智化技能的人才,以适应数智化发展的需求。

总之,商贸行业的数智化运用正在引领行业发展的新趋势。企业需要紧跟时代步伐,积极拥抱数智化变革,以创新驱动发展,拥有更加美好的未来。

2.3 如何在学习中使用数智技术——教育信息化赋能教育变革

古往今来,技术一直是驱动教育变革的关键力量。造纸术、印刷术的发明改变了口口相传的教育模式,而蒸汽机的推广、电的广泛运用和信息技术的发展深刻地改变了社会面貌,推动了各行各业的变革。技术的核心和本质是提供功能支持,也就是"赋能"。

2.3.1 新时期教育信息化的时代背景

借力于信息技术,人类社会前进了一大步。在当今社会,新技术不断涌现,大大提升了人类的能动性和自由度,人类的认知能力和实践能力获得前所未有的发展。在信息社会中,教育也不断发生变化。

1)信息社会的来临

信息技术的发展呈"曲棍球杆曲线"增长态势(图2-5),促使社会进入信息化阶段。随着大数据、人工智能等技术的发展与应用,信息社会对未来人才培养的诉求也发生着变化。

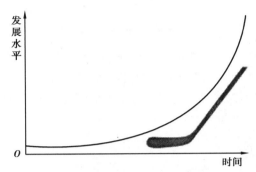

图2-5 "曲棍球杆曲线"增长态势模型图

（1）信息技术

我们可以从五个方面感受到信息技术的迅猛发展:

一是移动通信技术的飞速发展,从2014年4G技术在我国全面铺开到2019年中国5G正式商用,再到2022年中国建成全球规模最大的5G网络,高速移动通信技术为更高水平的互联互通奠定了基础。

二是人工智能技术广泛应用,从2016年AlphaGo击败李世石,到今天语音识别、人机对话、机器视觉、机器翻译大行其道,人工智能技术已经渗入人类社会生活的方方面面。

三是随着脑机接口技术、物联网技术、可穿戴设备的成熟,人类得以步入万物互联的物联网时代甚至智联时代。

四是虚拟现实技术、增强现实技术的发展,使得"赛博世界"对于人类而言从平面走向了立体。

五是随着大数据技术的发展,人类的数据分析、数据挖掘能力得到空前提升。

（2）大数据

大数据是人类进入信息社会以来所遇到的一种极其庞大且复杂的数据集合。按照学术界对大数据的一般定义,"大数据"是工业传感器、互联网、移动数码等固定和移动设备产生的结构化数据、半结构化数据与非结构化数据的总和。大数据具有总量规模大、类型多样化、价值密度低、处理速度快、真实准确(Volume、Variety、Value、Velocity、Veracity,5V)特征。

大数据技术可以帮助人们更全面地获取信息和数据,提升用户对信息的掌握程度和利用率,从而为人们的生活带来更大的便利。大数据技术可以帮助企业更好地了解行业数据模型,帮助企业更加全面地认识自身行业,提升企业在行业中的竞争力。随着技术的发展,大数据逐渐充斥着我们社会生活的每个角落。音乐软件根据用户平时听歌的偏好预测其可能喜爱的歌曲并据此建立"每日歌单",导航软件只需输入起点和目的地就能规划出一条最优出行的导航路线,等等,这些都归功于大数据。现在,世界上很多国家把大数据驱动创新作为重要战略。

（3）人工智能与未来工作

人工智能是由人工设计的装置或系统，通过算法和数据进行学习，形成像人类一样的自主感知和决策能力，协助人类或者替代人类完成过去只有人的智力才能胜任的工作。

以 ChatGPT 为例，在人工智能技术的驱动下，它能够理解和学习人类的语言并展开对话，甚至能完成撰写邮件、编辑视频脚本、写文案、翻译等任务，正悄然影响着现有的工作岗位。人工智能在工作中的应用使得机器能够通过计算机模拟人的逻辑思维。其中，人工神经网络和感知动作系统具备原本专属于人类的智能。计算智能是人工智能的初级形态，这一阶段机器和人类一样能计算、存储和传递信息。感知智能是目前人工智能发展的主要阶段，这一阶段机器和人类一样能看懂、听懂与辨识，具备感知能力并能与人进行交互。认知智能是人工智能的高级形态，通过模拟人类的推理、联想、知识组织能力，机器和人类一样能理解、会主动思考并采取合理行动。

未来，智能机器将成为辅助人类工作的有力助手，人类智能和机器智能结合，实现智能增强、双向强化。

2）信息社会的人才观

随着信息社会的发展，人机协作关系形成，机器完成可替代的工作任务，人类完成机器不可替代的工作任务。就工作创造价值而言，人机协作的组合效应能让人类在自己擅长的领域发挥更强的作用，也让机器在自己擅长的领域创造价值，实现人机智能增强，创造出新的价值增长点。

面对以人工智能为代表的新技术的挑战，人类必须发挥独有的、不易被人工智能替代的智能优势，进行复杂性工作活动、创造性工作活动及社交性工作活动。复杂性工作活动属于复杂工作范畴，工作者完成工作前没有明确的路径或方法，需要具备灵活的分析思维、问题解决能力等。创造性工作活动属于混乱工作范畴，工作者面临的是无序混乱、不可预测的情境，需要开创性地完成工作，需要具备主动性、创新能力、专家思维、批判性思维等。复杂性工作活动和创造性工作活动依赖人类灵感和智慧做出综合判断。社交性工作活动是一系列非常规性的互动活动，工作者需要和他人建立情感联系，与他人产生共鸣等，需要具备情绪智力、跨文化敏感性、同理心、沟通能力等。

在信息社会中，社会生产和服务的自动化程度日益提升，大量的工作岗位被机器取代。有研究表明，"离岸性"强的工作（可被远程操作的工作）和"自动化"强的工作（能被程序化批处理的工作）容易被取代，而交互性强和非常规的工作，如创意设计咨询、工程设计等不容易被取代。因此，培养具有创意、交互和分析能力的人才，使其具有终身适应社会发展的能力，是时代对当前教育提出的要求。随着我国互联网的普及，"00后"乃至"10后"成为"数字化原住民"，怎么将这些信息社会的"数字化原住民"转化为具有运用信息技术解决问题的能力、具有正确价值观和社会责任感的"数字公民"，是教育必然面对的问题。

3)信息技术在人才培养中的作用

继互联网、云计算之后，以大数据、人工智能、虚拟现实为代表的新一轮信息技术浪潮席卷而来，尤其是人工智能技术的快速发展，极大地改变了我们对教育的传统认知。信息技术对教育的作用已经不再局限于辅助学习、提高效率，而是成为直接改变教学基本模式、教育基本形态乃至教育行业基本业态的根本力量。随着信息技术的发展，社会各行业对人才提出了新要求，个性化、创新型人才的培养成为迫切需求；信息技术变革了教育教学模式，智能教学环境、智能导学系统日益普及；信息技术显著提升了教育治理水平，过程化评价、精细化管理、精准化服务成为趋势；信息技术使教师在知识传授方面的作用逐步弱化，在学生素养培育、人格塑造等方面的作用则愈加突出。

2.3.2 新时代对教育发展的新呼唤

新时代缔造新技术，新技术推动新教育，新教育成就新时代。新时代要求培养具有核心素养的下一代，相较于知识教学，素养和能力的培养更为复杂，信息技术成为"必选项"。当前，教育工作者需要重新思考教育信息化的责任担当。

对于学校而言，如何正视和解决在线教育过程中暴露的问题，运用好积累的技术应用成效和实践创新经验，主动顺应教育信息化的发展趋势，全面推进学校教育信息化的融合创新发展，成为广大教育者共同关心的重要话题之一。

教育信息化创新发展既要解决长期存在的"老问题"，又要抓住"新机遇"。信息化创新应用为学校带来了跨越式发展的又一个机遇，学校应牢记教育信息化创新应用的初心使命，不断更新智能时代信息化教育教学观念、加强顶层规划设计、完善体制机制建设，以科学方法系统规划和有序推进，围绕创新型人才培养核心目标，不断提升教师的信息化教学水平，系统推进教学改革，促进信息技术的普遍应用和实践创新。坚持以教育信息化全面推动教育现代化，助力师生全面成长、进步和发展，让每个人都成为教育信息化的参与者、实践者、推动者和创造者。

2.3.3 我国教育信息化的重要举措

信息技术正在以惊人的速度改变着世界。我们在欢呼数智化转型带来机遇的同时，也面临着对未来准备不足的问题。如今，教育系统的数智化转型已经进入加速阶段。一方面，教育系统本身要优化信息技术的应用，增强教育的公平性并提升教学的效率；另一方面，教育系统也有责任为公民数字能力的发展提供强有力的支持。中国教育信息化的发展，一直围绕着新时代育人工作的核心目标在不断探索中前行。

1)教育信息化发展规划

2012年3月，为了加快教育信息化的发展，教育部组织编制并发布了《教育信息化十年发展规划(2011—2020年)》,综合考虑和权衡多方因素,将发展目标定位为"到2020年,全面完成《教育规划纲要》(即《国家中长期教育改革和发展规划纲要(2010—2020年)》)所提出的教育信息化目标任务,形成与教育现代化发展目标相适应的教育信息化体系,基本建成人人可享有优质教育资源的信息化学习环境,基本形成学习型社会的信息化支撑服务体系,基本实现所有地区和各级各类学校宽带网络的全面覆盖,教育管理信息化水平显著提高,信息技术与教育融合发展的水平显著提升。教育信息化整体上接近国际先进水平,对教育改革和发展的支撑与引领作用充分显现"。

2016年,教育部印发的《教育信息化"十三五"规划》进一步明确了到2020年的发展目标:①形成与教育现代化发展目标相适应的教育信息化体系;②基本实现教育信息化对学生全面发展的促进作用和对深化教育领域综合改革的支撑作用;③基本形成具有国际先进水平、信息技术与教育融合创新发展的中国特色教育信息化发展路子。该规划明确了这一时期的重点在于推进教育信息化的应用、融合与创新。由此可见,该规划的总体目标是从基础建设走向深化应用和融合创新。《教育信息化"十三五"规划》是我国教育信息化建设的一份纲领性文件,对我国教育信息化实践具有重要的指导作用。

2)《教育信息化2.0行动计划》

2018年4月13日,教育部印发了《教育信息化2.0行动计划》,指出教育信息化是教育现代化的基本内涵和显著特征,是推动教育系统性变革的内生变量,支撑引领教育现代化发展。

通过实施《教育信息化2.0行动计划》,到2022年基本实现"三全两高一大"的发展目标,即教学应用覆盖全体教师、学习应用覆盖全体适龄学生、数字校园建设覆盖全体学校,信息化应用水平和师生信息素养普遍提高,建成"互联网+教育"大平台,推动教育专用资源向教育大资源转变、提升师生信息技术应用能力向全面提升其信息素养转变、融合应用向创新发展转变,努力构建"互联网+"条件下的人才培养新模式、发展基于互联网的教育服务新模式、探索信息时代教育治理新模式。

基础建设走向深化应用和融合创新。《教育信息化"十三五"规划》是我国教育信息化建设的一份纲领性文件,对我国教育信息化实践具有重要的指导作用。

3)《中国教育现代化2035》

《中国教育现代化2035》是我国第一个以教育现代化为主题的战略文件,其第八项战略任务"加快信息化时代教育变革",从政策高度指出面向2035年的教育信息化的发展方向。文件围绕提升校园智能化水平、探索新型教学形式、创新教育服务业态、推进教育治理方式变革四大方面,引出2035年教育信息化的五大发展图景:安全规范、多元共建的教育信息化发展机制,先进技术与人文关怀并存的智慧校园,精准化、扁平化与人性化的教育治理,多元创生、评估、定制、普及优质数字教育资源,人工智能与因材施教的教学形式组合。机制建设依赖政策保障、市场规范和第三方组织资源的共同监督;智慧校园以5G为支撑,加强人本服务意识;智能技术推进教育治理精准化、扁平化,同时规范教育治理,促进人机伦理建设;海量优质教育资源以教学设计与学生特点为需求进行评估选择与定制;人工智能从课程、师资层面提供了因材施教的可能性。《中国教育现代化2035》所描绘的教育信息化以智能、人本为特征,围绕教育性这一本质突出人才培养、教育变革新图景。

面向未来跨入新时代,教育信息化的发展完全置身于智能时代,以人工智能、大数据、物联网为代表的新兴技术与教育无缝衔接,不断推进智慧教育创新发展,教育信息化进入深化改革期。《中国教育现代化2035》的出台从国家层面勾画出教育信息化未来发展的四维一体局面,以战略规划的形式保障、引领教育信息化有序推进,有助于推动全民终身学习的学习型社会的建设。

回顾我国教育信息化发展的进程,可以看出,国家层面的教育信息化政策重视三个维度的工作:从加强基础设施建设和信息技术普及等方面实现信息技术与教育更为广泛的深度融合;普遍提升师生的信息素养,包括信息技术的应用能力和创新创造能力;加速教育信息资源的平台建设与资源共享。

2.4 案例——国家电网数智化技术应用实例

国家电网公司始终高度重视数智化转型,在10多年企业信息化建设的基础上,加快推进新型数字基础设施建设,全面推动数智化转型发展。以下为国家电网报发布的2个数智化应用的实际案例。

2.4.1 国网河北电力:数字化质量管控平台 全过程把关变电站建设

2022年3月14日,在河北雄安新区220千伏昝西变电站新建工程现场,国网河北省电力有限公司(以下简称国网河北电力)工作人员对此前入场就位的首台主变压器开展附件安装工作。工作人员通过数字化全过程质量管控平台把关设备的搬运、安装、测试等环节,确保安装流程符合规范、安全高效。

据介绍,220千伏昝西变电站是雄安新区昝岗片区首个220千伏电源点工程,于2020年9月29日开工,本期新装主变压器2台,单台容量18万千伏安,新建220千伏出线3回、110千伏出线2回、10千伏出线20回。该站主要负责为雄安高铁站、高铁牵引站等重要客户供电,现已进入设备安装阶段。

在220千伏昝西变电站设备安装过程中,国网河北电力全方位应用数字化全过程质量管控平台,确保工程建设精益化管控。该平台依托该公司数字实验室和雄安质监站,高效开展质量监督管理工作,从工程项目监督手续办理至工程验收完成全过程实施安全质量监督。在办理工程项目监督手续阶段,工作人员可借助该平台收集、整理相关材料,缩短了手续办理时间。在土建施工阶段,该平台辅助施工人员将钢筋的绑扎间距误差控制在±2毫米以内,综合配电楼外墙挂板全部一次安装到位且误差控制在±1毫米以内,实现了工程的毫米级质量管控。此外,在工程验收阶段,国网河北电力还依托该平台,并结合建筑信息模型(BIM)、北斗定位、5G等技术,实现了对工程的数字化验收及档案的数字化移交,提高了验收及档案移交效率。数字化全过程质量管控平台的应用,进一步提升了该公司建设施工的质量管控和安全管理水平,提高了工作人员的作业效率和对工程的精细化管控程度。

目前,数字化全过程质量管控平台已经在雄安电网建设工程中全面应用。国网河北电力将持续拓展该平台在雄安电网建设工程中的应用广度和深度,提升电网建设质量和管控水平,推进雄安电网工程高质量、高标准建设。

2.4.2　国网福建电力:推动基建工程管理数智化转型　提升电网建设水平

2023年3月11日,在闽粤联网换流站施工现场,项目部总工程师陈政靖通过"e基建"App收集和统计了进场人员数量、安全风险点等各施工环节信息,及时发现并消除了施工现场的安全隐患。

据介绍,"十四五"时期,福建电网建设规模比"十三五"时期增长20%,并将迎来闽粤联网、福州—厦门特高压工程等重点工程建设高峰期。针对电网工程量大、任务重、点多面广的特点,国网福建省电力有限公司(以下简称国网福建电力)以数智化推动电网建设,深化应用北斗定位、5G、物联网、人工智能等技术,提升基建工程管理质效,为基层工作减负增效。

国网福建电力推动基建工程管理常态化线上管控,全面推广"e基建"App等基建全过程综合数智化管理应用,推进专业管理69项核心功能、项目管理71个关键节点线上运转,实现了电子作业票全面应用、进度计划智能编审、工程变更签证线上办理,项目数智化管控率达100%。

征地补偿是输变电工程建设前期的重要工作。为此,国网福建电力在"e基建"App上线了"先签后建"模块。该模块具备线路通道障碍自动统计、报告一键生成等28项功能,可实现电网企业在工程初设评审前全面完成线路通道设计,并在开工前完成年度开工计划制定、变电工程征地协议签订等工作。目前,该模块已应用于国网福建电力的140项工程,明显提升了施工效率。

此外,针对工程现场基础沉降、高边坡位移等情况,国网福建电力还在工程现场应用高精度沉降及位移传感技术,在500千伏集美变电站输变电工程、220千伏埔当输变电工程等中试点部署沉降监测装置56套、边坡监测设备12套,现已累计安全监测超1500天,实现了对变电站构筑物、设备基础沉降及高边坡位移的实时精准监测与超限预警,提升了变电站工程质量的管控水平。

知识延伸

数智技术融媒手段 让珍贵古籍触手可及

2023年2月8日，两个古籍数据库在国家图书馆同步发布：一个是《永乐大典》高清影像数据库，一个是《国家珍贵古籍名录》知识库。

两个库均为全国古籍整理出版规划领导小组"2021年度国家古籍数字化工程专项经费资助项目"，已于2022年11月顺利结项，读者可免费登录使用。这次，国家图书馆、北京大学和字节跳动合作，为古籍数字人文建设提供了一个合作样板。

1）多项技术实现古籍传承与创造性利用

《永乐大典》是明成祖（朱棣）永乐年间编纂的一部大型百科全书，目前仅发现其副本400余册800余卷及部分零叶，总数不及原书的4%。国家图书馆共收藏《永乐大典》224册，占存世《永乐大典》总数的一半以上。

为完整保存和全面传达《永乐大典》相关信息，国家图书馆委托国家图书馆出版社进行《永乐大典》高清数据库项目的制作，后者于2021年12月委托北京大学数字人文研究中心承担该项目的设计与研发工作。该研究中心以北京大学一字节跳动数字人文开放实验室为基地，整合学校和字节跳动双方力量，建成了《永乐大典》高清影像数据库。

项目第一辑收录国家图书馆藏《永乐大典》40册75卷的内容，共涉及14个韵部、17个韵字、1 800部书，除呈现《永乐大典》高精图像、整体风貌及相关知识外，还尝试对部分大典内容做了知识标引示范，为后续《永乐大典》的知识体系化、利用智能化进行探索。

这一数据库在互联网环境下以可交互、可视化的方式向大众传播古籍知识，它展现了以数字人文手段实现古籍活化的技术路径，实现了古籍的创造性转化和创新性应用。

国家图书馆（国家古籍保护中心）联合北京大学数字人文研究中心研发的《国家珍贵古籍名录》知识库，包含了已批准公布的六批《国家珍贵古籍名录》，还收录了《国家珍贵古籍名录图录》中包含的书影图像、说明性文字内容。该项目综合应用现有数字人文的多项技术，将珍贵古籍名录书目数据重构为知识库，以多维度知识图谱、GIS等多种可视化形式展示历史时空构架下书与书、书与人、人与人之间的多维关系。

2）推进古籍数字化需多方合力

2022年，中共中央办公厅、国务院办公厅发布《关于推进新时代古籍工作的意见》指出，要深入推进中华优秀传统文化创造性转化、创新性发展，加强古籍抢救保护、整理研究和出版利用，促进古籍事业发展，为实现中华民族伟大复兴提供精神力量。

长期从事相关工作的北京大学数字人文研究中心主任王军对古籍数字化也有一些感悟。他指出，古籍活化利用的关键，在于"数据加工+学术保障+设计转化"，即需要图书馆的开放理念、高校的学术转化和企业的研发与传播平台携手。

参与此次合作的字节跳动方相关负责人建议,可以通过行业共建,引入更多学术资源,并以百科、图文、短视频、直播、数字读物、VR交互等多种形态进行内容导读,不断完善数字环境下古籍保护与传承的生态体系建设。图书馆是古籍收藏和保护机构,高校是教学和研究机构,出版社是出版和发行单位,互联网可以作为古籍活化和传播的平台,四者都是链条上的关键环节。

北京大学信息管理系主任张久珍提到了目前大热的聊天机器人ChatGPT。在古籍数字化工作中,人工智能也将成为新常态。假如让类似的人工智能学习浩如烟海的中华历史典籍,它能成为一个拥有中华智慧的"人"吗,如果大家跟它聊天会怎样?"我们古籍数字化的目标还可以定得更高一些。"张久珍说。在她看来,ChatGPT还存在一些硬伤和短板。比如它的回答看似逻辑严密工整,但是论点欠缺专业性、论据无法溯源,这可能是因为数据源权威性存在问题,数据基础建得不够好。"这也给古籍数字化提了一个醒,一定要从一开始就重视中华古籍的数字基础设施建设。"张久珍说。

"数字化和智能化的信息环境使得千余年来基于纸本传播和利用知识的方式发生根本性变革。将中华典籍迁移到数字环境下,用数智技术挖掘古籍资源所蕴含的文化价值、用融媒体手段呈现典籍的精神魅力,是当代人义不容辞的历史责任。"北京大学副校长王博这样感叹。

单元练习

一、填空

1.在数智化发展中,传统知识不仅是文化根基,也是_____的重要源泉。

2.教育信息化在新时代背景下的发展趋势包括_____、_____等。

3.国家电网作为数智化技术应用的典型案例,其成功转型的关键在于_____和_____的有效结合。

二、讨论

1.讨论数智化技术如何为传统食品行业带来创新。

2.探讨教育信息化如何赋能教育变革,并提出改进建议。

三、实战

结合所学专业或兴趣领域,设计一个具体的教育信息化应用场景,如在线课程设计、虚拟实验室建设等,要求详细描述应用场景的功能、目标用户、预期效果和实施步骤。

第3章　核心数智化技术

学习目标

一、知识目标

1.了解大数据基本概念、特征及其重要性,能清晰阐述大数据定义,理解其特征,并认识到大数据在数智化时代的关键作用。

2.掌握大数据处理流程与关键技术,熟悉大数据从采集、存储、处理到分析的全过程,以及在此过程中涉及的关键技术,如数据挖掘、机器学习等。

3.理解云计算的基本概念、特征及其服务类型,能准确描述云计算定义,理解其按需服务、弹性扩展、资源池化等特征,以及SaaS、PaaS、IaaS三种主要的服务模式。

4.掌握云计算的部署模型及应用场景,了解公有云、私有云、混合云等部署方法的特点,以及它们在不同应用场景下的选择依据。

5.通过分析具体案例,能认识到大数据在预测分析、决策支持、优化运营等方面的巨大价值。

二、能力目标

1.具备大数据处理与分析能力,能运用大数据工具或平台,对大规模数据进行处理与分析,提取有价值的信息。

2.具备云计算服务选择与应用的能力,能根据需求,选择合适的云计算服务类型与部署模型,设计并实施云计算解决方案。

3.具备人工智能应用评估的能力,能理解简单人工智能应用案例,如智能推荐系统、语音识别系统等,并对其进行性能评估与优化。

4.具备物联网系统构建与维护的能力,能基于传感器与物联网技术,构建简单的物联网系统,如环境监测系统、智能家居系统等,并对其进行日常维护。

5.具备数据分析与决策支持的能力,能利用大数据分析结果,为业务决策提供支持,提升决策的科学性与准确性。

6.具备案例分析与问题解决的能力,能通过分析具体案例,识别问题、分析问题、提出解决方案,并评估解决方案的效果。

三、素质目标

1.具备数据驱动的决策思维,在解决问题或做出决策时,能优先考虑数据作用,运用数据分析方法,提升决策理性与效率。

2.具备持续学习与探索的精神,面对快速发展的数智化技术,保持好奇心与求知欲,不断学习新技术、新方法,提升自我竞争力。

3.具备创新思维与实践能力,在数智化技术应用与创新中,敢于尝试新思路、新方法,勇于实践,不断探索新的应用领域与解决方案。

情景引入

云计算的简单理解

作为共享时代的产物,云计算其实就跟电网供电一样,在电器需要供电的时候,就会消耗电能;如果不需要的话,就可以暂时待机。

在电网出现之前,电从发电机而来,但单个发电机所提供的电能是有限的,当用电需求超出自家这台发电机的负荷时,就会停电。当时,也没有能支撑上千台发电机供电的成本以及管理、保养、维修发电机的人工和技术。因此,为了以更低的价格更快更好地满足家家户户的用电需求,共享电力资源、按需付费的电网就出现了。

云计算也是同样,手机和计算机等计算设备都有一台单独的发电机,随着社会发展,人们产生的数据越来越多,一台设备不足以应对海量数据的处理需求。但让每个人都配备大量的计算机、手机,显然不合理,因此大家寻求"共享计算资源、按需付费"的方式。

云计算和电网比,只不过是发电机变成了服务器,电网变成了云服务,供电所变成了阿里云、IBM、亚马逊等云服务商。

可以说,云计算是大势所趋,它让计算资源的利用率进一步提高,是更高级的信息化。

现如今,云计算有三种服务模式:

- IaaS:基础设施服务。
- PaaS:平台即服务。
- SaaS:软件即服务。

对于IaaS、PaaS、SaaS的区别,可以用"吃烤肉"来理解:

吃烤肉需要准备好五花肉、蔬菜、调味酱等食材,还要准备好燃气、烤炉,以及餐桌与餐具。在这个过程中,所有东西都是自己准备的,就叫作"本地部署"。

如果觉得麻烦,可以去自助烤肉店,用那里提供的餐具、厨具、食材。这被称为提供基础设施即服务(IaaS),没地方、没设备、有时间,要借地方和设备,自己烤。

如果还是感到有些麻烦,那么可以直接打个电话,叫烤肉店直接把烤好的肉送过来,你只需要准备餐桌。这就叫作提供平台即服务(PaaS),有地方,没设备、没时间,要送来烤好的肉。

如果什么都不想准备，甚至连桌子都懒得整理的话，就直接去烤肉店吃，在那里什么都已经准备好了。这就是提供软件即服务(SaaS)，没地方、没设备、没时间，需要借地方设备、还要别人帮忙烤肉。

学习任务

3.1 大数据秘密

随着互联网技术的飞速发展，特别是近年来社交网络、物联网、多种传感器的广泛应用，以数量庞大、种类众多、时效性强为特征的非结构化数据不断涌现，数据的重要性越发凸显，传统的数据存储、分析技术难以实时处理大量的非结构化信息，大数据概念应运而生。

3.1.1 大数据的概念

"大数据"作为近年来的热词，已经在各行各业得到广泛应用，那么到底什么是大数据？大数据能为我们带来什么价值？

在信息技术领域，大数据(big data)是指无法在一定时间范围内用常规软件工具进行捕捉、管理和处理的数据集合，是需要新处理模式才能具有更强的决策力、洞察发现力和流程优化能力的海量、高增长率和多样化的信息资产。

大数据技术的战略意义不在于掌握数量庞大的数据信息，而在于对这些有意义的数据进行专业化处理。换言之，如果把大数据比作一种产业，那么这种产业实现盈利的关键在于提高对数据的加工能力，通过加工实现数据的增值。

3.1.2 大数据的特征

作为数据分析的前沿技术，大数据技术是指从各种类型的数据中快速获得有价值信息的能力。理解这一点非常重要，也正是这一点使该技术走进更多的企业，为企业探索更多的价值。业界将大数据的特征归纳为数据量大、数据种类多、处理速度快、数据精度高和价值密度低(Volume、Variety、Velocity、Veracity、Value，5V)，其核心在于对海量复杂的数据进行分析处理，从而获得其中的价值。大数据的5个特征如图3-1所示。

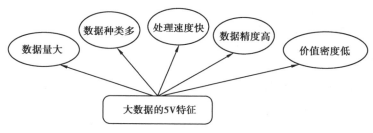

图 3-1 大数据的 5 个特征

1)数据量大

数据量大是指大数据中的数据集是大型的,一般在10TB规模左右。但在实际应用中,很多企业把多个数据集放在一起,已经形成了PB级的数据量。

> 📖 **知识小窗**
>
> 在19世纪末期,人类第一次破译人体基因密码时,用了10年才完成了30亿对碱基对的排序;而在10年之后,世界范围内的基因仪15分钟就可以完成同样的工作量。进入21世纪,随着各种智能设备、物联网和云计算、云存储等技术的快速发展,人和物在网上的所有轨迹都可以被记录,数据因此被大量生产出来,从而形成了大数据。根据著名咨询机构互联网数据中心(Internet Data Center,IDC)做出的估测,人类社会产生的数据一直都在以每年50%的速度增长,也就是说,每两年增加1倍,这被称为大数据摩尔定律。这意味着,人类在最近两年产生的数据量相当于之前产生的全部数据之和。数据显示,2020年全球数据量达到了59ZB,与2010年相比,数据量增长近60倍。

2)数据种类多

数据种类多是指大数据中的数据来自多种数据源,数据的类型和格式逐渐丰富,已打破了以前所限定的结构化数据范畴。现在的数据(大数据)包括结构化数据、半结构化数据和非结构化数据,数据类型不仅包括文本形式,还包括图片、视频、音频、地理位置信息等多种形式,其中个性化数据占大多数。

相较于传统的业务数据,大数据存在不规则和模糊不清的特性,无法使用传统的应用软件进行分析。因此,企业面临的挑战是处理与挖掘复杂数据的价值。

3)处理速度快

数据处理速度指的是数据被创建和移动的速度。在高速网络时代,通过基于实现软件性能优化的高速计算机处理器和服务器,创建实时数据流已成为必然趋势。企业不仅需要了解如何快速创建数据,还必须知道如何快速处理、分析数据,并将结果返回用户,以满足他们的实时需求。

处理速度快是指在数据量非常庞大的情况下,也能够做到数据的实时处理。在未来,越来越多的数据挖掘趋于前端化,即提前感知预测并直接提供服务给所需要的对象,这也需要大数据的快速处理能力。

4)数据精度高

数据精度高是指追求高质量的数据。随着社交数据、企业内容数据、交易与应用数据等新数据源的兴起,传统数据源的局限性被打破,企业越发需要有效的信息以确保数据的真实性及安全性。

5)价值密度低

价值密度低是指随着数据量的增长,数据中有意义的信息却没有呈相应比例增长。数据价值与数据真实性和数据处理时间相关。例如,1小时的视频,在不间断的监控过程中,可能有用的数据仅仅只有一两秒。

在大数据时代,很多有价值的信息都是分散在海量数据中的。以小区监控视频为例,如果没有意外事件发生,连续不断产生的数据都是没有任何价值的。但是,为了能够获得发生如偷盗等意外情况时的那一段视频,我们不得不投入大量资金购买监控设备、网络设备、存储设备,耗费大量的电能和存储空间,来保存摄像头连续不断传来的监控数据。从这些特点可以看出,大数据的价值在于如何分析这些复杂的数据,从而总结出一定的规律,最终提取出有用的信息。因此,对这些数据的加工、分析、处理能力就代表了各个企业的社会竞争力。

3.1.3 大数据的处理流程与关键技术

1)大数据的处理流程

大数据的处理流程主要包括数据采集、数据预处理、数据存储、数据分析、数据可视化以及数据运用等环节。其中,数据质量贯穿在大数据流程中,每个环节都会对数据质量产生一定的影响。

2)大数据关键技术

大数据关键技术在数据采集、数据预处理、数据存储、数据分析挖掘与数据可视化等领域都有伴随数据生命周期发展的一系列创新技术和工具,如图3-2所示。

第一,在数据采集层,各类传感器、软硬件设施负责从各类数据源获取多源数据(如生产、管理、系统运行情况等组织内部数据,以及客户行为、政策法规、社会舆情等组织外部数据),最终形成贴源数据区。数据的采集技术包括网络数据采集方法、系统日志采集方法等。

第二,数据预处理层负责对多源异构数据按既定规则进行清洗、整理、筛重、去噪、补遗,形成临时数据区。当前在数据预处理方面得到广泛运用的系统多为支持分布式、并行处理的流处理系统。

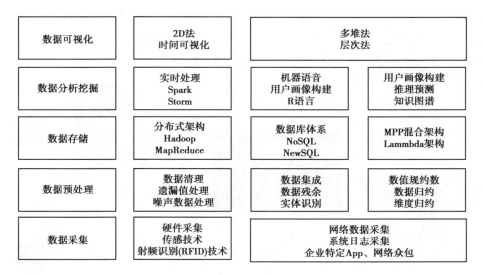

图 3-2　大数据关键技术运用

第三,数据存储层负责整合原本分散且各自独立的数据,形成相对统一的视图,并且根据使用需求,对部分数据附加标签,便于进一步查询;最终以较低的成本保存海量历史明细数据,形成历史数据区和实时数据区。大数据存储系统主要包括分布式存储系统、数据仓库与非关系型数据库(NoSQL)三大系统。

第四,数据分析挖掘层负责按主题建立数据模型,并为上层运用提供复杂的、大批量的数据处理能力。常用的大数据分析包括可视化分析、数据挖掘算法等。

第五,数据可视化层融合多种工具,对数据加工处理结果进行灵活生动的展现;通过全面实时展示的动态大屏幕,帮助客户全面及时了解内外部的关键信息变化情况,为决策者提供数据支持。

3.2　不简单的云计算

3.2.1　云计算的基本概念

云计算是人工智能物联网(artifical intelligence of things,AIoT)应用系统的应用服务层与应用层软件的运行平台,因此,了解云计算的基本概念与特点,对于理解应用服务层与应用层软件的工作模式至关重要。

云计算并不是一个全新的概念。早在1961年,计算机先驱John McCarthy就预言:"未来的计算资源能像公共设施(如水、电)一样被使用。"为了实现这个目标,在之后的几十年里,学术界和产业界陆续提出了集群计算、网格计算、服务计算等技术,而云计算正是在这些技术的基础上发展而来的。云计算采用计算机集群构成数据中心,并以服务的形式交付给用户,使得用户可以像使用水、电一样按需购买云计算资源。因此,云计算是一种计算模式,它将计算与存储资源、软件与应用作为"服务"通过网络提供给用户(图3-3)。

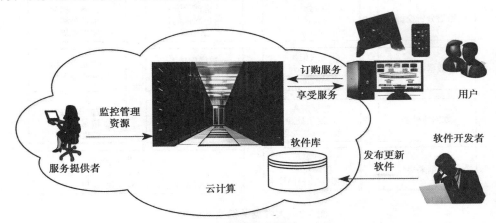

图3-3　云计算服务模式示意图

云计算对于AIoT应用系统的开发是非常有价值的一种服务方式。一个AIoT应用系统被开发出来之后,用户不需要自己搭建网络与计算环境,而是租用云服务。用户完成一项计算需要24个CPU、240 GB内存,用户可以将需求提交给云,云就从资源池中将这些资源分配给用户,用户连接到云并使用这些资源。当完成计算任务时,这些资源将被释放出来,以分配给其他用户使用。系统开发者可以在云计算平台上快速部署、运行AIoT应用系统。

3.2.2　云计算的基本特征

产业界提出了云计算的五种基本特征、三种服务模式、四种部署方法,如图3-4所示。

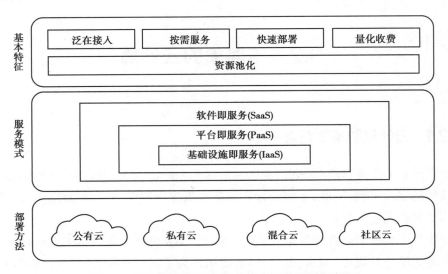

图3-4　云计算的特征、服务模式与部署方法示意图

云计算的基本特征主要包括以下几个方面。

1)泛在接入

云计算中心规模庞大,一般的数据中心通常拥有数十台服务器,一些企业的私有云也会有几百台或上千台的服务器。云计算作为一种利用网络技术实现的随时随地、按需访问、共享计算/存储软件资源的计算模式,用户的各种终端设备(如个人计算机、智能手机、可穿戴计算设备、智能机器人等)都可以作为云终端,随时随地访问"云"。所有资源都可以从资源池中获得,而不是直接从物理资源中获取。

2)按需服务

云计算可根据用户的实际计算量与数据存储量,自动分配CPU数量与存储空间大小,伸缩自如,弹性扩展,可快速部署和释放资源,避免由服务器性能过载或冗余而导致的服务质量下降或资源浪费。用户可以自主管理分配给自己的资源,而不需要人工参与。云服务通常依据服务水平协议中签订的条款,来约定云服务提供商与云用户之间的服务质量(如云计算的可用性、可靠性与性能),以及云服务限制等内容。

3)快速部署

云计算不针对某些特定类型的网络应用,并且能同时运行多种不同的应用。在"云"的支持下,用户可以方便地开发各种应用软件,组建自己的网络应用系统,做到快速、弹性地使用资源和部署业务。

4)量化收费

云计算可监控用户使用的计算、存储等资源,并根据资源的使用量进行计费。用户无须在业务扩大时不断购置服务器、存储器等设备并增大网络带宽,无须专门招聘网络、计算机与应用软件开发人员,也无须花很大的精力在数据中心的运维上,从整体上能降低应用系统开发、运行与维护的成本。同时,"云"采用数据多副本备份、节点可替换等方法,极大地提高了应用系统的可靠性。

5)资源池化

云计算能够通过虚拟化技术将分布在不同地理位置的资源整合成逻辑上统一的共享资源池。虚拟化技术屏蔽了底层资源的差异性,实现了统一调度和部署所有的资源。云计算操作系统管理包括计算、存储、网络,以及应用软件、服务资源,按需提供给用户。对于使用资源的用户来说,云计算基础设施对于用户是透明的,用户不必关心基础设施所在的具体位置。因此,云计算是一种新的计算模式,也是一种新的网络服务模式、网络资源管理模式与商业运作模式。

3.2.3 云计算服务模式

云计算提供的服务可以分为三种模式:IaaS、PaaS、SaaS,特点如下。

1)IaaS的特点

如果用户不想购买服务器,仅通过互联网租用"云"中的虚拟主机、存储空间与网络带宽,那么这种服务方式体现了"基础设施即服务"(infrastructure as a service, IaaS)的特点。

在IaaS应用模式中,用户可以访问云端底层的基础设施资源。IaaS提供网络、存储、服务器和虚拟机资源。用户在此基础上部署和运行自己的操作系统与应用软件,实现计算、存储、内容分发、备份与恢复等功能。在这种模式中,用户自己负责应用软件开发与应用系统的运行和管理,云服务提供商仅负责云基础设施的运行和管理。

2)PaaS的特点

如果用户不但租用"云"中的虚拟主机、存储空间与网络带宽,而且利用云服务提供商的操作系统、数据库系统、应用程序接口(API)来开发网络应用系统,那么这种服务方式体现出"平台即服务"(platform as a service, PaaS)的特点。PaaS服务比IaaS服务更进一步, 它以平台的方式为用户提供服务。PaaS提供用于构建应用软件的模块,以及包括编程语言、运行环境与部署应用的开发工具。

PaaS可作为开发大数据服务系统、智能商务应用系统,以及可扩展的数据库、Web应用的通用应用开发平台。在这种模式下,用户负责应用软件开发与应用系统的运行和管理,云服务提供商负责云基础设施与云平台的运行和管理。

3)SaaS的特点

如果更进一步,用户直接在"云"中的定制软件上部署网络应用系统,那么这种服务方式体现出"软件即服务"(software as a service, SaaS)的特点。

在SaaS应用中,云服务提供商负责云基础设施、云平台与云应用软件的运行与管理。SaaS实际上是将用户熟悉的Web服务方式扩展到云端。用户与企业无须购买软件产品的客户端与服务器端的许可权。云服务提供商除了负责云基础设施与云平台的运行和管理之外,还需要为用户定制应用软件。用户可直接在云上部署互联网应用系统,不需要在自己的计算机上安装软件副本,仅需通过Web浏览器、移动App或轻量级客户端来访问云,就能够方便地开展自身的业务。

如果将一个互联网应用系统的功能与管理职责从顶向下划分为应用、数据、运行、中间件、操作系统、虚拟化、服务器、存储器与网络等层次,则在采用IaaS、PaaS或SaaS的服务模式中,将用户与云服务提供商的职责划分为如图3-5所示的情况。

在IaaS服务模式中,云计算基础设施(虚拟化、服务器、网络、存储器)由云服务提供商负责运行和管理,而应用软件需要用户自己开发,运行在操作系统上的软件、数据与中间件也需要用户自己运行和管理。

在PaaS服务模式中,云计算基础设施与云平台(由操作系统中间件构成)由云服务提供商运行和管理,用户仅需管理自己开发的应用软件与数据。

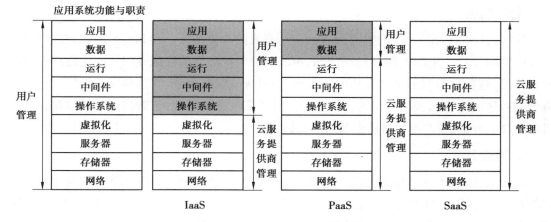

图3-5　IaaS、PaaS和SaaS的比较

在SaaS服务模式中,应用软件由云服务提供商根据用户需求定制,云计算基础设施、云平台及应用软件都由云服务提供商运行和管理。用户只要将自己的注意力放在网络应用系统的部署、推广与应用上。用户与云服务提供商分工明确,各司其职,用户专注于应用系统,云服务提供商为用户的应用系统提供专业化的运行、维护与管理。

显然,IaaS只涉及租用硬件,它是一种基础性的服务;PaaS在租用硬件的基础上,发展到租用一个特定的操作系统与应用程序,自己进行网络应用软件的开发;而SaaS是在云端提供的定制软件上,直接部署自己的AIoT应用系统。

3.2.4　云计算的部署方法

云计算的部署方法包括公有云、私有云、社区云与混合云四种。

1)公有云

公有云(public cloud)是属于社会共享资源服务性质的云计算系统,"云"中的资源开放给社会公众或某个大型行业团体使用,用户可通过网络免费或低价使用资源。公有云大致可以分为传统电信运营商(包括中国移动、中国联通与中国电信等)建设的公有云,政府、大学或企业建设的公有云,大型互联网公司建设的公有云。

2)私有云

私有云(private cloud)是一个单一的组织或机构在其内部组建、运行与管理,内部员工可通过内部网或VPN访问的云计算系统。私有云由其拥有者管理或委托第三方管理,云数据中心可以建在机构内部或外部。

组建私有云的目标是在保证云计算安全性的前提下,为企事业单位专用的网络信息系统提供云计算服务。私有云管理者对用户访问云端的数据、运行的应用软件有严格的控制措施。各个城市电子政务中的政务云、公安云、电力云都是典型的私有云。

3)社区云

社区云(community cloud)具有公有云与私有云的双重特征。与私有云的相似之处是社区云的访问受到一定的限制;与公有云的相似之处是社区云的资源专门供固定的单位内部用户使用,这些单位对云端具有相同的需求,如资源、功能、安全、管理要求。医疗云是一种典型的社区云。社区云由参与的机构管理或委托第三方来管理,云数据中心可以建在这些机构内部或外部,所产生的费用由参与的机构分摊。

4)混合云

混合云(hybrid cloud)由公有云、私有云、社区云中的两种或两种以上构成,其中每个实体都是独立运行的,同时能够通过标准接口或专用技术,实现不同云计算系统之间的平滑衔接。混合云通常用于描述非云化数据中心与云服务提供商的互联。在混合云中,企业敏感数据与应用可部署在私有云中,非敏感数据与应用可部署在公有云中,行业间相互协作的数据与应用可部署在社区云中。当私有云资源短暂性需求过大时(如网站在节假日期间点击量过大),可自动租赁公有云资源来平抑私有云资源的需求峰值。因此,混合云结合了公有云、私有云与社区云的优点,它是一种受到企业广泛重视的云计算部署方式。

从以上讨论中可以看出,云计算是支撑 AIoT 发展的重要信息基础设施。

3.3 人工智能就在我们身边

智能时代,以人工智能技术为代表的智能技术不断渗透于生活的方方面面,越来越多的智能生活产品和服务不断涌现,为人们改变自己的生活方式提供了技术契机和智能环境。为了能够更为清晰地认识智能时代的生活方式,需要进一步了解智能生活的概念、特征、本质和价值。这对于我们顺利融入智能生活,具有十分重要的现实意义。

3.3.1 生活拐点:一种智能化的生活方式

人工智能是人类智能的模仿、延伸和增强,它模仿的是人类的语言表达、行为方式与思维模式,延伸的是人类自身的优势与能力,增强的是人类的精神意志与对局限性的超越。人工智能是一项综合性的技术,它是众多技术领域发展成熟后,将各种技术集结、组装、整合起来的智能有机整体。无论是在性能上还是在运行效率上,人工智能都具有能与人类本身相媲美的智慧,因为它就是人类智能在技术领域的完美化身。

千百年来,关于人类发明的技术和机器,人们始终想要在其中表达一种特殊的人类情感:或者是成为我们的工作助手,或者是成为我们的智慧导师,或者是成为我们的情感共鸣者和精神共鸣者……

从心理学上讲，无论你所认为的机器在你的心中扮演的是哪种角色，它都在直接或间接地反映出你对自身以外的事物的一种依赖心理。如果从整个人类的角度来看，它反映的是人类对大自然与社会的依赖关系。亚里士多德说过："人在本质上是社会性动物：那些生来就缺乏社会性的个体，要么是低级动物，要么就是超人。社会实际上是先于个体存在的。不能在社会中生活的个体，或者因为自我满足而无须参与社会生活的个体，不是野兽就是上帝。"[①]这样看来，那种"离群索居"的生活并不被人称赞，也不被人们期待。相反，大家由衷地希望参与到一种集体化的社会生活中，才能在彼此的互助中超越自己，从而战胜孤独。

如此说来，人工智能的发展成熟不仅与人类本身的"惰性"和"局限性"有关，还直接与人类本身的社会属性有关。回归到生活领域，这或许就能解释为什么早在远古时代，人们就已经过上集体生活：一方面是这种生活方式能够让他们生存下来，另一方面是这种生活方式暗含着早期人类的社会需求。但这与人工智能有什么关系呢？又与今天人们的生活有什么关系呢？或许，在回答完智能机器人为什么会越来越像人而不是像其他的动物这个问题时，大家就能明白其中的道理。其实，道理很简单，就是人们一直尝试着在"被自己对象化了的世界里寻找一种与本身相似的东西"，并赋予其人的体态、样貌，还试图从中获得个体本身所不具备的与外界相连接的记忆和能力。如今的人工智能恰好在人们的生活中扮演着这样一种角色，它的发展成熟意味着其将会以新的方式融入人们的社会生活中。

那么，人工智能与人们的生活又是什么关系呢？

自古以来，人类的一切活动都是围绕着生活而展开的，而人们常谈及的技术便是这"一切活动"的现实产物，它无时无刻不在教导着人们，告诉人们应该如何生活、以怎样的方式才能生活得更好。诚然，现在的人们已经在技术的展现中渐渐地实现了自身的生活和发展目标。因为技术的存在本身就一直在以一种独特的方式传递着人类对生活的渴望和对未来美好生活的愿景，它已经成为人们生活中不可分割的一部分。

如今，人类已步入人工智能时代，以智能技术为代表的新一代信息技术正在向人类生活的方方面面渗透和蔓延，同时也意味着人类将在这个技术发展的"拐点"处迎来生活的大转机——新的"生活拐点"的到来。在这个"生活拐点"上，人类将彻底从简单重复的"线性劳动"中解放出来，获得更多可支配的自由时间，人们将会有更多的时间和精力投身于符合社会道德和主体精神的潜在需要的活动中。所以，当今的智能技术正在以"颠覆与重构"的方式，改变着人们对生活的历史性理解，将人们带入生活的另一个时代——"智能生活"时代。

📖 **知识小窗**

今天，人们生活在一个以万物智能化为特征的时代，这无疑给人们提供了一次重新认识现今生活方式的契机，因为人工智能就在人们的日常生活中，却未曾被大家发现或者未被描述出来。换言之，智能生活究竟是什么呢？智能生活是一种智能化的生活方式，包括以人工智能为基础的智能化生活服务，以舒适、便捷为条件的智能化生活理念，以精神享受为主的

①埃利奥特·阿伦森.社会性动物[M].邢占军,译.上海：华东师范大学出版社,2007:579.

智能化生活态度。目前,智能技术的多空间泛在已经在很大程度上打破了智能生活的时空界限。所以,从智能生活本身来看,它的存在兼具自由和无边界的存在属性。但值得注意的是,要想全面理解智能生活的概念,还需要厘清概念本身所要强调的重点,如果偏向于强调智能生活中的"智能",就很容易误导人们将身边的智能事实等同于智能生活,如智能家居、智能穿戴、智能手机、智能医疗、智能购物等。事实上,这些并不是智能生活,它们的存在只是成为智能生活中"智能"的部分,而不是"生活"的核心部分。

换言之,这些客观上存在的智能事实并不是智能生活概念的核心内容,而只能算作表征智能生活的一种方式,属于智能生活的技术设施。也就是说,发生在人们身边的智能事实是为人们真正过上智能生活而提供服务的。所以,关于智能生活的真正理解需要回归到"生活"层面,回归到生活主体的需求与体验的维度来探讨。

今天,人们的需求与智能技术相互融合的情形已经较为普遍,技术嵌套进人们的生活需求,自然能够在生活情境中直抵人们最柔软和最细腻的情感体验舒适区,从而重新激发出人们对生活的极大热情。所以,从这个层面来说,智能生活是在智能技术的衬托之下,人们所显现出来的一种对新的生活方式的炽热情感、积极态度与合时宜的能力。

此外,我们还可以从智能生活与传统生活的区别中找到关于智能生活的内涵的新内容。传统生活是指存在于智能生活之前的生活方式的总称,它并非与现有的智能生活相对立。但值得注意的是,在现有的生活方式中,它包含着传统生活所不具有的内容。当下,智能生活无疑已成为大多数人认可的生活方式,这也就间接地告诉人们,传统生活正在消亡。那么,其消亡的原因是什么呢?原因主要在于传统生活方式在大多数时间都停留于物质领域,它遮蔽了人们生活的需求属性,大部分人因为这种生活方式变得越来越迷茫与焦虑。

相较而言,过去的生活方式之所以会被边缘化,主要还是因为过去的生活方式担负了过多的"生活任务",耗费了过多的生活时间,破坏了人类生活本来的"纯正",导致人们错误地把"生活任务"当作生活本身。久而久之,人们便形成一种对生活的放任态度,任其自由发展,直至所有的人将生活任务当成生活的内容。

随着社会劳动生产能力的迅速提高,丰富的物质将人们从生存劳动中解放出来,解放了人类的双手和大脑,为人们提供了更多认清生活任务与生活本身相区别的时间,并使人们在理智的支配下重新回归到生存活动以外的生活世界。所以,智能生活能使人体会到极大的自由与愉悦。

3.3.2 "新"之所在:智能生活的五大特征

从前文对智能生活概念的探讨,大致能总结出它具有智能化、去物质化、互动化、个性化、简便化五大特征。从严格意义上来说,这些特征就是智能生活区别于传统生活方式的"新"之所在。

1）智能化

智能技术是智能生活的"智"的源泉，顾名思义，智能化自然是智能生活最基本的特征。智能化是指某个事物在物联网、大数据、云计算、区块链、人工智能等技术的支撑下，达到"能动"地满足人类需求的过程。从哲学层面来说，"能动"是指人的主观能动性，是人在活动过程中所表现出来的自觉、自主的状态。因此，智能生活的智能化特征是指，在人们的生活中，存在某种事物能够能动地为人们提供服务，且这种服务行为本身不会表现出人的强制性和命令性，而是表现为一种自觉、自主的服务过程。例如，智能家居领域的智能空调，它能够根据主人的需要，自觉、自主地调整到合适的温度。再如，智能交通领域的无人驾驶汽车，它能根据乘客的反馈数据，按照它自己的"想法"实现乘客的目的，乘客只要告诉它想要去哪里，接下来的时间，乘客就可以自己安排。在智能生活中，只要稍微留心，你就能发现身边数不胜数的能够反映智能化特征的例子。

2）去物质化

相比智能生活的智能化特征，去物质化特征更为抽象一些，这是由人们很容易将"去"等同于"离开"的常识性思维所致。因为人们的生活不可能离开物质，所以去物质化的概念容易导致人们的认知负荷。因此，有必要了解智能生活的去物质化特征的概念。去物质化是指人们在生活中为了实现一定的生活目的所用到的物理物质越来越少。智能生活的去物质化可以从两个层面来理解：一是物质方面的去物质化。智能支付就是一个很好的例子，在整个支付系统中，商品交换活动的中介已经实现了从传统的贝壳、金属货币、纸币等物质形态的货币过渡到当下的电子虚拟货币，货币变成了数字，而不再表现为物质形态。二是成本层面的去物质化。在智能技术高度发展的当下，很多领域已经开始出现"零边际成本"的服务，相较于传统的那种需要耗费过多的"人、财、物"的服务，这种生活服务在成本方面表现为去物质化的特征。例如，相隔千里的亲朋好友想要面对面聊天，只需要一个视频电话。但在传统的生活方式中，这种福利需要耗费太多的物质成本。

3）互动化

智能生活的互动化特征是指人与人、人与物之间的沟通属性，事实上反映的是在智能技术的支撑下人与人之间连接的日益增强。19世纪末期，德国社会学家格奥尔格·齐美尔关注到一个普遍的社会现象，人与人之间"中间组织"的缺失而导致社会原子化的出现，也就是齐美尔所说的原子社会。很显然，这样的社会并不是人们所期待的生活环境，所幸当下快速发展的智能技术弥补了这个"中间组织"的空缺，让人们生活在一个相互之间可以广泛借助智能技术实现超时空互动的社会。所谓中间组织，通俗地讲，就是指人与"他者"之间互动的桥梁。换言之，在智能生活时代，人与"他者"之间的沟通互动已超越了时空局限，走向了自由互动的生活时代。例如，在智能购物的生活场景中，消费者可以随时随地向销售方反馈消费数据及新的消费需求，并能在第一时间得到人工智能客服或者人工客服的积极回应。以科大讯飞的智能语音助手为例，它凭借强大的语音转换技术，能够实时为对话双方提供相应的母语信息,可以极大地减少跨国交流与学习的障碍,使人们之间的沟通互动范围得到扩大。

4)个性化

智能生活的个性化特征是指人们的生活需求能够得到个性化满足。智能生活的个性化在智能生活服务领域表现为定制化。随着智能生活服务行业的不断发展,不同的智能生活服务商开始建立起一整套熟悉用户的规则系统,并借之以提供个性化定制的产品,让用户体验到成为"上帝"般的个性化体验。例如,博世公司可更换颜色的冰箱以及三星公司的AirDresser落地穿衣镜等个性化生活产品,都在以不同的方式展现出对消费者的个性化关注。反过来看,在智能生活服务产品个性化定制的服务环境中,人们便可以此为依托实现生活的个性化。也就是说,人们可以根据个人生活喜好将生活变成自己想要的样子,生活空间、生活习惯等都将得到个性化的实现。

5)简便化

智能生活的简便化特征是指智能生活是一种"直抵生活目的"的生活方式。这种生活方式正如梁冬在《睡眠平安》中所写的:"生活本身就是生活,而不是为生活做准备。"因为智能技术深度融入生活,让人们的很多生活准备环节的工作都被智能机器所取代,所以人们不至于会因为自己的"亲力亲为"而迷失在生活的准备中。当然,有一种情况除外,那就是有些人本身就把生活的准备环节当作生活的一部分,与传统的生活方式不一样的是,即便例外的情况出现,人们也多了一种对生活选择的权利。言外之意就是,在智能生活的时代,人们可以凭借购买智能中介服务的方式,使人们在日常生活中"直奔"生活的目的,而不再为繁杂的生活准备环节付出很多不必要的时间。因此,智能生活体现出一种简单和便捷的特征,这就是生活的简便性。正所谓"生活,越简单越好"。

3.3.3　新的意义:个性化需求的满足与人的解放

智能生活的价值与优势表现为智能生活对人的需求的满足程度。更直观地说,其是表现为智能技术对人的生活的积极影响,也可以说是智能生活相较于传统生活所表现出来的优势与长处。智能生活的价值与优势主要表现在三个层面:一是人的需求的满足层面;二是智能技术给人们的生活带来的积极影响层面;三是拥抱智能生活与不拥抱智能生活的区别层面。

从人的需求的满足层面来讲,智能生活的价值主要以需求的个性化关照的方式呈现出来。在传统的生活方式中,由于个性化生活服务的成本过高,人们的生活需求只能在"规模化生产"的社会大背景下成为被安排的对象。所以,整体来说,在这个时期,人们的生活需求的满足主要是以销售商为主——"不是看你需要什么,而是要看销售商能够给出怎样的生活服务"。但是,随着人工智能技术融入生活领域,这种状态逐渐被打破,并出现了历史性的生活服务转向,从"以销售者为中心"转向"以顾客为中心"。也就是说,对于传统的生活服务,服务商虽然提出"顾客就是上帝"的服务理念,但未必在各方面都能做到,因为受客观条件的限制。

然而,这种状态正在被改变,服务逐渐可以被个性化定制,甚至成为一种商品。例如,一家公司推出了一个人工智能平台。在这个平台上,用户可以发布需求,然后不同的商家就会根据需求,主动与用户洽谈如何合作。换言之,就是如何才能在保证低价的情况下,提供一种能够使你满意的个性化服务。很多企业中都能找到这种需求服务的思想的身影。比如,百应科技有限公司(以下简称"百应"),它的服务便是基于这样一种服务理念,有需求就有回应,还能做到个性化的回应。百应的智能服务以人工智能技术为支持,专门为有需要的政府、企业与个人提供定制化服务,随时响应消费者的需求。这从侧面间接地反映了智能生活中人的个性化需求受到越来越多的重视。

在智能生活中,人们的个性化需求成为一种商品,商家反而需要调整营销策略,去适应消费者的需求,从而以"低价高质"的方式满足其消费欲望。可见,智能生活的到来,其实是在推进实施个性化需求满足的智能生活服务,也在直接或者间接地助力企业转型升级,能够抓住机遇的企业才能迅速发展壮大。智能家居、智能穿戴、智能医疗、智能教育、智能驾驶、智能机器人等产业,都将在智能生活时代人们的个性化需求中成长起来。

从智能技术给人们生活带来的积极影响层面来讲,主要表现为智能生活服务给各年龄阶段的人们带来极致的便利服务,对于改善人们的生活质量和生活水平具有积极影响。

从老年人群体来看,智能生活环境对于他们而言,有较大的益处。一方面,智能产品能够辅助他们完成一些高难度的家务杂活,以便于他们更好地生活;另一方面,他们可以借助智能穿戴设备,更好地监控自己的身体健康数据,能够有效地帮助他们护理身体与预防相关疾病,从而形成"以预防为主"的健康生活理念,可以减少很多他们对于疾病的焦虑感。此外,还可以借助智能生活服务设备,满足情感慰藉的服务需求。目前,很多老年社区服务站都在积极开展老年教育项目,教老年人如何使用智能手机。老年人以此为媒介,通过建立广泛的正式与非正式人际支持网络,丰富他们的闲暇生活。

从上班族的角度来看,智能化的办公形式让他们的工作变得更自由、更有人情味。从传统办公到智能办公的模式转变,体现的是一种生活、工作与客户相连接的生态办公服务体系,从而产生一种更大的办公价值。一方面,这种办公方式让人感受到上班空间上的自由,换言之,就是办公地点的不固定性,或许是在咖啡厅,或许是在自己家里。另一方面,这种办公方式使办公团队成员间的协作与沟通更加高效,有利于一个团队创造出更大的工作价值。与此同时,还有利于他们更好地关注服务对象的生活需求,从而通过链接资源的方式,直接或者间接地为服务对象的生活提供必要的帮助。

从学生的角度来看,智能技术为他们带来了学习的乐趣。智能技术与教育的融合促使教育的"中心转向",学生的个性化学习需求得到有效回应,学习生活变得丰富多彩。首先,智能技术进驻校园,为学生的学习注入硬件层面的"活的灵魂",学习设备开始变得具有智慧,能够帮助学生"查漏补缺",也能够有效引导和帮助学生实现全面发展,减少了很多传统学习生活环境中学生所要面临的学习焦虑;其次,智能技术融入学生的学习生活,能够帮助学生挖掘潜能,并培养学生"乐于学习"的习惯,这主要得益于智能数据模型,它能够根据学生的兴趣爱好,设计一种仅适用于某个具体学生的学习方式,使学生能在学习生活中感受到学习的快乐;最后,智能技术还能给学生带来丰富多样的学习课程,那种传统的、单调乏味的教学模式正在宣告终结,学生对学习生活的美好体验感得到不断提升,学生可以在看电影的过程中学习,可以在AR/VR中学习,也可以在玩手机的过程中学习。

总之,智能生活的价值主要体现在三个方面:一是智能生活是一种个性化的生活方式,人们的个性需求能够得到很好的满足;二是人们的生活水平和生活质量能够得到大幅提高;三是人们能获得一种相对自由的生活环境。

如今,智能生活已经渗透进人们的衣、食、住、行、用、医等各领域,穿衣更加时尚,饮食更加健康,住房更加舒适,用品更加贴心,就医更加便捷……人们对生活有了更多的期待。曾经,老百姓只能在科幻电影中看到的生活方式,如今已出现在大家的身边,而且来得如此迅速。

3.3.4 深挖本质:迎接美好的生活状态

虽然大家共同生活在智能环境下,但每个人对这种生活方式的体验会存在差异。这些各自的体验便构成了人们对智能生活的总的体验。在人工智能第三次崛起之初,其对生活的影响就已经开始,由于技术的普及范围有限,或关于技术的应用还停留在较小的范围内,人们对于智能生活的感悟还不是很深。但是,已经有研究机构对这个已然存在的生活事实进行了专门研究。

早在2016年,斯坦福大学就成立了专门的研究小组,针对人工智能影响人类生活的现象进行了广泛研究,最终以报告《2030年的人工智能与生活》中的方式将研究结果公布于世。该报告主要聚焦于交通、医疗、教育、低资源社区、公共安全、就业和工作场所、家庭(服务)机器人、娱乐8个领域,以及这些领域在人工智能影响下人们生活方式的变化。最终,该报告得出的结论是:在现实中,人工智能已经在改变我们的日常生活了,而且基本上都是在改善人类健康、安全和提升生产力等好的方面……它们更大的可能性是让驾驶更安全、帮助孩子学习、扩展及增强人类生活的能力。这些人工智能应用将帮助监控人们的生活状态、警告人们前面的风险,以及提供人们想要的或需要的生活服务。

如今,那些早在2016年就已发生在人们生活中的智能化以及人们寄托于明天的那种对美好生活的向往,在今天依然在延续。我们先来看看华为生活体验馆对智能生活的诠释。

华为智能生活体验馆是由物联网和人工智能共同连接起来的智能生活服务系统。整个智能生活体验馆从消费者出发,将整个体验区分为产品体验区、互动体验区、售后交流区、休闲交流区。科学的空间陈列布局突出了科技背后隐藏的人文气息。智能生活馆里的休闲交流区拥有功能完善的儿童区,小屏连大屏,寓教于乐,使很多孩子流连忘返,父母和稍大的孩子则可以戴上VR头盔感受赛车、骑马或空中飞行的乐趣。[1]而在智能生活馆的产品体验区,

---

[1]马继华.华为智能生活馆的进化[J].现代企业文化(上旬),2018(9):14-15.

服务人员会引导进店的消费者放慢脚步,沉静下来体验购物过程中每一分钟的真实感,使得消费者在不知不觉中沉浸和投入,从而产生一种由内而外的美感和惬意感。

在体验馆的互动体验区和售后交流区,通过融合生态、人文、智慧与生活等方面的服务设计理念,打造了一个给人以无穷想象的智慧生活空间,让人们在这里能够身临其境地体验美好生活意境,感受置身于大自然般的舒然与惬意。整个生活体验馆体现了科技与生活的完美结合,在聚焦于个性化消费服务的同时,也让你体验到生活的温馨和舒适、情感的交流与互动,打破了人们对科技的"冰冷"印象,真切感受到科技产品也有"温度"。

华为智能生活体验馆,从某种意义上说,将人们的智能生活进行了集中化的表达,是一种浓缩后的智能生活,具有一种让人跳出现有生活情境再细看生活的本质的内在潜力,表达的是一种直达内心深处的、令人震撼的生活情感和生活美感。我们相信,"身在此山中"的你届时对生活的认识,应该不再用"只缘"二字作为解释了。

由华为智能生活体验馆的案例可见,智能生活的本质是从外在的智能生活服务中引发的一种由内而外的生活智慧,是一种生活态度、姿态,也是一种生活能力、生活情感和生活精神,从总体上体现了人工智能时代人们的生活状态。从真、善、美三个维度定义智能生活的本质,智能生活或许也应该是人们探寻本质、升华情感、追寻美好的一种生活方式,因为智能给物质以智慧的力量,人们得以超越物质的束缚,实现从物质生活向精神生活的飞跃。可见,智能生活能够为人们带来的感受,也是一种直抵内心的震撼。

3.4　物联网与传感器小常识

随着信息技术的不断发展,物联网(internet of things,IOT)已成为社会和科技发展中的一个重要热点,引领时代向前跨进。经过十几年的发展,物联网技术已逐步走进生活和生产中各行各业,如智能制造、智慧农业、智能交通、智能环保、智能医疗、智能安防、智能家居、智能物流等领域。物联网是信息领域的一次重大发展与变革,正在迅猛发展,将为解决现代社会问题做出极大贡献。

3.4.1　物联网概述

比尔·盖茨1995年所著的《未来之路》一书中,提及了一些与物联网相关的设想和理念,但因受网络技术和硬件设备的限制而未受重视。随着无线射频识别(RFID)技术、电子代码(EPC)技术的出现,麻省理工学院自动识别中心的Ashton教授于1999年提出了物联网概念,即在互联网技术基础上利用射频识别技术和电子代码技术,构建一个便于实现全球实时获取物品信息的互联网。网络技术经过近20年的发展才形成当今的物联网概念。

物联网是指按照约定的协议,将具有"感知、通信、计算"功能的智能物体、系统信息资源互联起来,实现对物理世界"泛在感知、可靠传输、智慧处理"的智能服务系统。物联网是在互联网基础上发展起来的物与物的网络,但也涉及移动网和无线通信网络,同时它又是以传感器技术为基础所构成的网络,重视实现"人机物"的融合,所以物联网又不同于互联网概念,彼此之间存在交集,又存在差异,却同属于泛在网络的一部分,图3-6描述了它们之间的关系。理解物联网的概念,需要从特征、结构和关键技术三个方面入手。

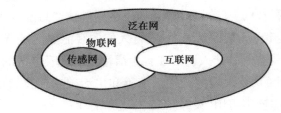

图3-6 泛在网

物联网有以下三个主要特征:①物联网的智能物体具有感知、通信与计算能力;②物联网可以提供所有对象在任何时间、任何地点的互联;③物联网的目标是实现物理世界与信息世界的融合。

如图3-7所示,物联网结构由三个层次组成,分别为感知层、网络层和应用层。

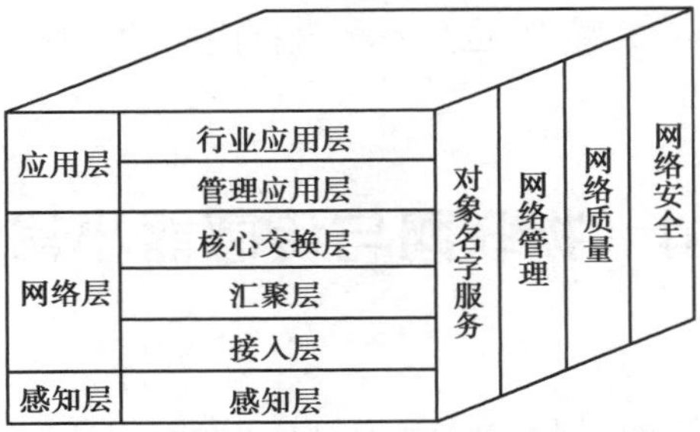

应用层	行业应用层	对象名字服务	网络管理	网络质量	网络安全
	管理应用层				
网络层	核心交换层				
	汇聚层				
	接入层				
感知层	感知层				

图3-7 物联网结构模型

①感知层包括RFID感应器和标签、传感器网关和节点、接入网关和智能终端,用于实现各类物理量、标识、音频和视频等数据的采集与感知。

②网络层包括核心交换层、汇聚层和接入层。结合了传感器网络、移动通信和互联网技术,实现无障碍、可靠和安全地传输所感知的信息。

③应用层包括行业应用层和管理应用层,用于实现信息跨行业、跨应用、跨系统之间的信息获取。

三个层次功能不同,却存在共性技术要点。物联网涉及八大关键技术,每个关键技术又由不同的技术要点组成。

①传感器技术,包括RFID标签与应用、传感器应用、感知数据融合、无线传感器网络、光纤传感器网络等。

②计算技术,包括海量数据存储与搜索、中间件与应用软件编程、并行计算与高性能计

算、大数据、云计算、可视化等。

③通信网络技术,包括计算机网络、终端设备接入方法、移动通信网 4G/5G 应用、M2M 与 WMMP 协议应用、网络管理方法与应用等。

④嵌入式技术,包括嵌入式硬件结构设计与实现、嵌入式系统软件编程、智能硬件设计与实现、可穿戴计算设备设计与实现等。

⑤智能技术,包括人机交互、机器智能与机器学习、虚拟现实与增强现实、智能机器人、规划与决策方法、智能控制等。

⑥位置服务技术,包括定位方法、GPS 与 GIS 应用、基于位置服务关键技术的应用研究等。

⑦网络安全技术,包括感知层安全、网络层安全、应用层安全、隐私保护技术与法律法规等。

⑧物联网应用系统规划与设计技术,包括物联网应用系统规划与设计方法、物联网应用软件设计与开发、物联网应用系统集成方法、物联网应用系统的组建、运行与管理等。

3.4.2　物联网组网技术

1)Wi-Fi 技术

Wi-Fi 是基于 IEEE 802.11 标准的无线通信技术,具有传输速度高、传输距离远、成本低和可靠性高的优点。在信号较弱或有干扰时带宽可调至 1 Mb/s、2 Mb/s 或 5.5 Mb/s,以保障网络的稳定性和可靠性。Wi-Fi 网络结构分为特设(adhoc)型和基础设施(infrastructure)型两种。特设型是一种对等的网络结构,用户终端(计算机或手机)只需装有无线收发装置(网卡或 Wi-Fi 模块)便可实现网络通信、资源共享等,省去了中间的接入点。基础设施型是一种整合有线和无线局域架构的应用模式,类似以太网的星形结构,需要接入点来实现网络通信。目前,在机场、车站、咖啡店、图书馆、医院、办公室等人员较密集的环境或家庭应用较多。Wi-Fi 网络存在诸如网络安全、数据业务模式单一等问题。

2)蓝牙技术

蓝牙(blue tooth)是一种基于 IEEE 802.15.1 标准的支持设备短距离通信的无线通信技术。其工作频段为 2.402 ~ 2.480 GHz,通信速率一般能达到 1 Mb/s,最快达到 24 Mb/s。传输距离一般在 10 m 左右,可用于语音、视频数据传输。蓝牙技术支持点对点、点对多点通信,装有蓝牙通信的设备可作为主设备或从设备,而且一台主设备可与多个从设备同时通信。目前,市场上已有不同版本的蓝牙标准,如蓝牙 1.1、蓝牙 2.0、蓝牙 3.0、蓝牙 4.0 等。采用蓝牙技术的设备能够利用快调频、短分组方式减少同频干扰,通过采用前向纠错编码减少随机噪声干扰。目前,蓝牙主要应用于手机、耳机、计算机、数字照相机、车载电话等电子产品,而且随着智能家居的发展,蓝牙也逐渐应用于家用电器。

3)ZigBee 技术

ZigBee 是一种基于 IEEE 802.15.4 标准的无线通信技术,分为 868 MHz(欧洲)、915 MHz(美国)和 2.4 GHz(全球)三个工作频段,最高传输速率分别为 20 kb/s、40 kb/s 和 250 kb/s,具有较远距离、低复杂度、低功耗、低数据速率、短时延、低成本、高容量、高安全的特点。ZigBee 的室内传输距离为 30 ~ 50 m,在无障碍条件下传输距离达到 100 m。ZigBee 物理层采用了扩频技术,数据链路层具有应答传输功能,网络层支持星形结构、簇状结构和网状结构,而且采用 ZigBee 设备具有自组网功能。目前,ZigBee 技术在工业生产、家庭生活、农业生产和医疗护理等领域均有应用,如监控照明、油气勘测、远程打印、健康监控等。

4)60 GHz 毫米波通信

由于频段资源应用紧张,大部分国家将目光投向免费的 60 GHz 频段。IEEE 802.11ad 将 60 GHz 频段划分为多个信道,采用 OFDM 技术,可以使用不同调制技术支持高达 7 GHz 的数据传输速率,这比 802.11n 快 10 倍以上,可用于高速率视频的传输。随着半导体工业的发展,60 GHz 射频收发器的成本已大大降低。60 GHz 毫米波技术具有独特的优点,如丰富的频谱资源、高传输速率、高方向性、高安全性等,但也存在一些不足,如信号衰减快、通信距离短、穿透性差、覆盖范围小等。

> **📖 知识小窗**
>
> #### 智慧农业
>
> 我国是农业大国。在传统农业中,对农作物浇水、施肥及喷洒农药等的农作要求与规律,完全取决于农民的经验。近年来,国家为了推进传统农业向现代农业转型,采取了物联网农业的方式,利用 GPS、GIS、卫星遥感技术,传感器技术、无线通信网络技术和计算机辅助决策支持技术等,对农作物生产过程中的气候、土壤进行宏观和微观实时监测,获取农作物生长、发育、病虫害、水肥及环境的状况信息,通过分析和决策,制定农作计划,实施精细管理,提高经济和环境效益。随着物联网技术的发展,我国对大田种植、设施栽培、禽畜及水产养殖、农产品物流、农副产品食品安全质量监控与溯源进行了更高层次的农业化改造,在原有基础上,开展全程监控、精细管理、优化调度,按照"高产、优质、高效、生态、安全"的要求发展现代农业。
>
> 智慧农业是基于物联网技术的信息化智能监控系统,针对特有的农业应用需求,利用不同类型的传感器组建农业监控网络节点,将采集的环境数据和作物数据传输给上层系统。通过汇集分析,帮助农业专家或农民及时发现问题。在节点密度较大的条件下,甚至能够准确地找到发生问题的位置,并为下一步农作提供可靠依据和辅助决策。这样的农业将逐渐从以人力为中心、依赖孤立机械的生产模式,转向以信息和软件为中心的生产模式,推进农业向自动化、智能化发展。如图 3-8 所示为智慧农业的基本框架。虽然智慧农业正处于研究和发展阶段,但应用前景和趋势已清晰地勾画出来。

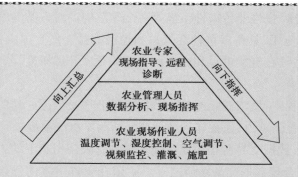

图3-8　智慧农业的基本框架

在具体的农业生产管理中,利用传感器准确实时地检测各种与农业生产相关的不同类型的信息,如空气温湿度、风向、风速、光照强度、CO_2浓度等地面信息;土壤温度和湿度、pH、离子浓度等土壤信息;动物疾病、植物病虫等有害物信息;植物生理数据、动物健康监控等动植物生长信息。利用物联网节点将传感器采集到的各项数据,通过无线通信协议由物联网智能网关采集。除了获取上述环境数据,对于远程控制设备,也可以通过节点传输到网关,利用传输协议上传到云端,进行云端分析处理,然后再反馈到应用终端(如手机端、PC端)。而且数据到达终端之后,还可以提供实时监测、曲线制图以及数据导出功能,使用户随时掌握动植物的生长情况。

3.5　案例——大数据的大价值

大数据时代,数据能够像普通商品一样通过"上架销售"实现价值化。作为一种新型商品,它既不能论斤按克计量,也不能简单标价,那么是如何完成销售和购买的呢? 3月15日,在福建大数据交易所内,一款基于内分泌代谢病真实世界研究的健康医疗数据产品,顺利完成了场内交易,实现了数据供需两侧的"双向奔赴"。

"本次交易,实现了福建省健康医疗领域数据产品场内交易'零'的突破,意义十分重大。"福建大数据交易有限公司的董事长在当天的交易签约仪式上介绍道。这是一次通过数据价值化,赋能医疗健康产业发展的有益探索和生动实践。

那么,如此"有分量"的一次交易,其数据从何而来、产品如何生产呢?

据了解,2023年底,国家数据局等17部门联合印发了《"数据要素×"三年行动计划(2024—2026年)》,医疗健康作为十二大重点行业领域之一,已经成为各类市场主体积极参与数据开发利用、挖掘典型应用场景的主阵地。

"基于区域健康医疗大数据的真实世界循证医学研究,可为相关疾病的预防、诊疗管理优化、科研创新和医疗卫生政策制定等提供有力支撑。"厦门市健康医疗大数据中心主任认为,先天性疾病、重疾、慢性非传染性疾病等在全球范围内对人类健康产生显著影响,该领域的数据研究与开发应用,具备多重社会效益和经济效益。作为国内首个区域级健康医疗大数据平台,该中心持续在真实世界和循证医学相关领域开展研究,已整合了一批具有开发利用价值的数据资源。

在此次交易过程中,厦门健康医疗大数据有限公司是数据产品的提供方,北京智能决策医疗科技有限公司是需求方,而福建大数据交易所为本次交易提供平台和流程保障。

据了解,福建大数据交易所是福建大数据交易有限公司旗下的省级大数据交易平台,也是全国为数不多的合规数据交易场所之一。它依托全省一体化公共数据体系优势,搭建安全合规的数据流通交易基础设施,可面向各类市场主体提供数据交易全流程一站式服务。截至目前,该平台已入驻核心数商超400家,服务合作数商超500家,累计完成数据交易金额突破15亿元,拉动数据要素市场规模化增长超100亿元。

"上架交易的所有数据产品,在数据的采集、汇聚、清洗、分析、销售、购买、应用等全过程中,必须遵循合法合规性原则,以'可用不可见'的方式,确保数据安全和尊重隐私。"福建大数据交易有限公司副总经理说。据了解,此次交易的内分泌代谢病真实世界研究数据产品,是在经历了交易所的确权、登记、上架、撮合等一系列流程后,经过律所的合规审查,才完成了交易的全流程。

对于这款"看不见摸不着"的数据产品,本次交易的数据购买方北京智能决策医疗科技有限公司的首席运营官表示,他们将以合规交易的数据产品为基础开展相关领域的研究,并通过与相关科研院所、高校的产学研合作,推动内分泌代谢病等相关诊疗探索。

知识延伸

生活中的人工智能

随着科技的飞速发展,2023年的智能家居行业在AI大语言模型的助力下,迎来了巨大的变革,为智能家居行业走向"无感化智能""万物互联"注入了一针强心剂。

在2023年智能家居展上,Aqara发布了自己的人体场景传感器FP2。这款产品集成了多目标定位感知、AI人体姿态侦测、AI干扰过滤识别以及全屋智能联动等多项先进技术,将智能家居的体验推向了新的高度。用户可以通过它实现各种智能化的操作,如自动调节灯光亮度、开启空调等,让生活变得更加便捷和舒适。

在智能家居的发展历程中,追求的目标始终都是更加智能化、便利化的生活。要让全屋智能再上一个台阶,真正实现无感化智能,关键在于如何让智能产品更"懂你"。为了实现这一目标,一系列先进的技术正在被广泛应用。

首先,AI语言大模型的出现,使得智能家居设备能够更好地理解人类语言。以前,我们需要使用固定的指令来控制智能产品。但现在,借助AI语言大模型,设备具备了更强的理解能力，我们可以用更口语化的方式与它们交流，大大提升了交互的自然性和便利性。

然而，"懂你"仅仅停留在听懂人话的层次是不够的。为了更深入地理解用户的行为和需求，我们需要借助一些感知技术。其中，将毫米波雷达技术应用到智能家居领域就是一个很好的突破方向。这种技术原本应用于汽车领域，现在被广泛应用在智能家居产品中，让智能产品能够感知人的行动方向、姿态和停留时间，从而深入了解用户的行为模式，提前触发相应的智能场景。Aqara人体场景传感器FP2正是运用了这项技术，才使得它在众多传感器产品中脱颖而出。

除了感知和理解用户的行为，运行的稳定性和高效性也是实现无感化智能的关键因素。华为的星闪技术为此提供了强大的支持。星闪结合了蓝牙和Wi-Fi的优点，具有更低的功耗、更低的延迟和更大的组网能力。通过改善短距离无线传输环境，星闪技术为智能家居设备的稳定运行提供了有力保障。

尽管智能家居行业一直在不断探索和应用新技术提升智能家居体验，但要想实现"万物互联"、无感化智能的终极目标，需要做到以下几点。

第一，解决互联互通问题。现在PLC、蓝牙mash、ZigBee等协议不同的品牌之间依然不能互联互通，虽然说全面的互联互通实现起来有难度，但是同一种协议的互联互通还是很有希望实现的。

第二，人工智能与智能家居深度融合。仅仅是智能语音交互上的融合远远达不到主动智能的程度，只有触及我们生活中的每个场景才能让"主动智能"成为可能。

第三，生态大融合。像小米、华为这样的大生态崛起，必然会促使独立品牌做出改变，整合生态与市场空间。

单元练习

一、填空

1.大数据是指无法在一定时间、范围内用常规软件工具进行＿＿＿＿＿＿、＿＿＿＿＿＿和＿＿＿＿＿＿的数据集合，是需要新处理模式才能具有更强的决策力、洞察发现力和流程优化能力的海量、高增长率和多样化的信息资产。

2.云计算是＿＿＿＿＿＿的应用服务层与应用层软件的运行平台，因此了解云计算的基本概念与特点，对于理解应用服务层与应用层软件的工作模式至关重要。

3.如果用户不想购买服务器，仅仅通过互联网租用"云"中的＿＿＿＿＿＿、＿＿＿＿＿＿与＿＿＿＿＿＿，那么IaaS这种服务方式体现了＿＿＿＿＿＿的特点。

二、讨论

云计算不仅仅是简单的存储和计算资源的出租，而且代表着一种新的IT资源使用模式。讨论云计算对企业的 IT 资源管理和成本控制有何影响。

三、实战

使用你所熟悉的编程语言或工具,尝试获取一个公开的大型数据集,分析并展示数据的主要特征。请写出摘要报告并提交代码或分析过程。

第4章 大模型探秘

学习目标

一、知识目标

1.能清晰追溯大模型从萌芽到成熟的发展历程,理解其背后的技术突破及其时代意义。

2.能深入理解大模型在不同阶段的技术特点和进步,以及这些飞跃如何推动人工智能领域的变革。

3.熟悉大模型家族的成员及其特点,了解不同大模型的架构、功能和应用领域,理解它们各自的优势和局限性。

4.了解大模型在实际行业中的应用场景,熟悉大模型在各行各业中的具体应用,理解其如何解决实际问题并创造价值。

5.掌握提示词技术在自然语言处理中的应用,理解提示词技术的原理、作用及其在文本生成、问答系统、对话系统等领域的应用。

二、能力目标

1.能基于当前大模型的技术特点和市场趋势,合理预测其发展方向和应用前景。

2.能根据行业需求,选择合适的大模型并进行定制化开发,解决行业中的实际问题。

3.能够熟练掌握提示词技术的使用技巧,能在实际应用中灵活运用,提升系统的响应速度和用户体验。

4.能深入分析大模型在实际应用中的成功案例和失败教训,提炼出可借鉴的经验和策略。

三、素质目标

1.具备技术前瞻性和创新意识,敏锐洞察新技术、新趋势,勇于探索未知领域,推动技术创新和应用创新。

2.具备跨学科学习能力,能将不同领域的知识进行整合和应用。

3.具备解决实际问题的能力和批判性思维,面对复杂问题与挑战,能独立思考、分析问题,并提出有效解决方案,同时保持对解决方案的批判性审视。

情景引入

大模型——智能交通

某公司开发了一个智能交通管理系统,该系统旨在通过对城市道路交通流量进行实时监测和分析,提供精准的交通管理决策支持。

1)问题描述

传统的交通监测方法主要依靠人工巡查和手动记录,效率低下且容易出错。而且城市道路交通流量往往呈现复杂多变的特点,需要对海量数据进行处理和分析才能得出有效结论。因此,该公司希望开发一种新型的智能交通管理系统,可以实现以下功能:

①实时监测城市道路交通流量;

②对海量数据进行快速处理和分析;

③提供精准的交通管理决策支持。

2)解决方案

为了实现以上功能,该公司采用了大模型(LLM)技术。具体来说,他们使用了深度学习模型和图像处理算法,对城市道路交通流量进行实时监测和分析。

①数据采集。首先,该公司在城市主要道路上安装了大量的摄像头,用于采集交通流量数据。这些摄像头可以实时拍摄道路上的车辆,并将视频流传输到服务器端进行处理。

②图像处理。服务器端使用图像处理算法对视频流进行分析,提取出每一帧图像中的交通信息。公司使用了卷积神经网络(CNN)和循环神经网络(RNN)等深度学习模型,对图像进行分类、识别和跟踪。通过这些模型的组合应用,可以准确地识别出车辆类型、车速、车牌号码等交通信息。

③数据分析。接下来,服务器端将处理过的数据存储到数据库中,并使用大数据分析技术对海量数据进行处理和分析。公司使用了Hadoop、Spark等开源框架进行数据处理和计算。通过这些框架的支持,可以快速地对海量数据进行计算和统计,并生成各种报表和可视化图表。

3)决策支持

最后,服务器端将分析结果传输到前端界面,供交通管理人员进行决策支持。前端界面采用了Web技术,可以实现实时监测和数据可视化等功能。交通管理人员可以通过前端界面查看各个路段的交通流量、拥堵情况、车辆类型等信息,并根据这些信息制定相应的交通管理策略。

4)效果评估

该公司开发的智能交通管理系统已经在多个城市中得到应用,并取得良好的效果。具体来说,该系统具有以下优点:

①实时性强。该系统可以实现对城市道路交通流量的实时监测和分析,能够及时反馈

道路拥堵情况和车辆流量变化。

②精准度高。该系统采用了深度学习模型和图像处理算法，能够准确地识别出车辆类型、车速、车牌号码等交通信息。

③决策支持好。该系统提供了丰富的数据报表和可视化图表，并可以根据不同需求生成各种报告和分析结果，为交通管理人员提供精准的决策支持。

总之，大模型智能交通管理系统案例采用了深度学习模型和图像处理算法，对城市道路交通流量进行实时监测和分析，并提供精准的决策支持。该系统已经在多个城市中得到应用，并取得良好的效果。

学习任务

4.1　大模型发展简史及攻略

作为人工智能全球顶级专家，陆奇以"大模型带来的变革和机会"为主题，先后在上海、深圳、北京等城市发表了多场演讲，进一步引发了业界对大模型的关注和思考。

本节基于对陆奇演讲内容的理解，对大模型的划时代意义、发展过程和分类进行了体系化的梳理，希望能帮助读者更全面、准确地认识大模型。同时尝试梳理并回答大模型如何打造，如何评价、如何实现商业变现等问题，希望能给读者一些启发。

4.1.1　大模型正在开启一个新时代

大模型狭义上指基于深度学习算法进行训练的自然语言处理（NLP）模型，主要应用于自然语言理解和生成等领域，广义上还包括机器视觉（CV）大模型、多模态大模型和科学计算大模型等。ChatGPT的火爆吸引了全世界对大模型的关注，比尔·盖茨表示，ChatGPT的诞生意义不亚于互联网的出现；陆奇在报告中称之为"ChatGPT时刻"。

1）从云时代向大模型时代进化

信息社会先后经历了计算机、互联网、移动互联网和云计算等重要阶段，ChatGPT及一大批类似大模型的发展，标志着信息社会进入了大模型主导的新阶段。根据陆奇提出的"信息—模型—行动"系统分析范式框架，计算机、互联网、移动互联网和云计算这四个标志性技术都实现了信息获取的边际成本无限趋近零。大模型热潮标志着新拐点即将到来，社会各界获取模型的总成本将逐渐趋近固定成本，预示着大模型将无处不在，万物都将成为它的载体。

未来，自动化行动将成为新的拐点，人在物理空间内"行动"的代价转向固定，人将与数智化技术构建出一个全新的智能系统，实现信息、模型和行动的无缝衔接。这意味着人不再通过获取信息，经人脑分析后，自己去行动，而是通过智能系统自动获取低成本信息（数据），利用大模型，形成指令驱动各类系统（包括机器人）采取行动，从而对整个社会产生深远的影响和冲击，各类数智化系统也将基于大模型形成互联互通。

2）大模型时代的三大革命性变化

大模型推动弱人工智能向通用人工智能（AGI）跃升。2023年2月，OpenAI在ChatGPT取得初步成功的基础上，发布了通用人工智能路线图，建议逐步向AGI普及的世界过渡，让大众、政策制定者和研究机构有时间了解AGI技术带来的改变。也有科技公司预言未来数年AGI将会得到普，各种应用领域中的智能系统将具备与人类认知能力相持平的智力水平，能够胜任多种复杂任务。

大模型推动生产力从算力向机器智力跃升。生产力的变革是推动人类社会进步的根本动力，从原始社会、农业社会、工业社会到信息社会，背后是人力、畜力、电力到算力的跃升。随着大模型成为新的物种，机器智力将成为新的主流生产力。机器智力是智能算力与人类知识的扩展、集成和融合，大模型是机器智力的载体。随着大模型的不断进化和普及，其将成为经济社会的主流生产工具，重塑经济社会的生产方式，全面降低生产成本，提升经济效益。

3）大模型推动数字社会向智能社会跃升

AI，特别是AGI产业高度发展，带动智能算力相关基础设施投资，并基于大模型衍生出多种新业态和新市场，成为经济增长的核心引擎。以智算中心为例，一个单位的智算中心投资，可带动AI核心产业增长2.9~3.4倍、带动相关产业增长36~42倍。GPT等各种大模型是人工智能时代的"操作系统"，将重构、重写数智化应用。其次是有了AGI的加持，人类的能力和活动范围都将得到大幅提升，进一步从重复性的脑力劳动中解放出来。但是，需要注意到，大模型的普及也会给现有的教育、就业、舆论甚至全球的政治格局带来冲击，是需要政府和产业界共同研究的问题。

4.1.2 大模型发展的三个阶段和三次飞跃

大模型发展主要经历了三个阶段，分别是萌芽期、探索沉淀期和迅猛发展期（图4-1）。

1）萌芽期（1950—2005年）：以CNN为代表的传统神经网络模型阶段

1956年，从计算机专家约翰·麦卡锡提出"人工智能"概念开始，AI发展由最初的基于小规模专家知识逐步发展为基于机器学习。1980年，卷积神经网络（convolutional neural networks，CNN）的雏形诞生。1998年，现代卷积神经网络的基本)结构LeNet-5诞生，机器学习方法由早期基于浅层机器学习的模型，变为了基于深度学习的模型，为自然语言生成、计算机视觉等领域的深入研究奠定了基础,对后续深度学习框架的迭代及大模型发展具有开创性的意义。

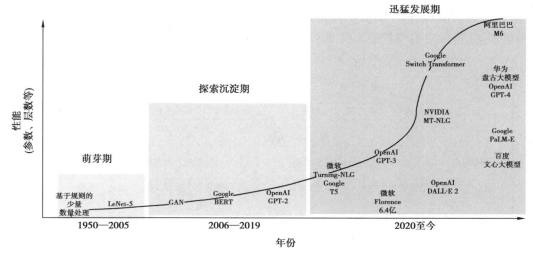

图4-1　AI大模型发展的三个阶段

2) 探索沉淀期(2006—2019年):以Transformer为代表的全新神经网络模型阶段

2013年,自然语言处理模型Word2Vec诞生,首次提出将单词转换为向量的"词向量模型",以便计算机更好地理解和处理文本数据。2014年,被誉为21世纪最强大算法模型之一的对抗式生成网络(generative adversarial networks,GAN)诞生,标志着深度学习进入了生成模型研究的新阶段。2017年,Google颠覆性地提出了基于自注意力机制的神经网络结构——Transformer架构,奠定了大模型预训练算法架构的基础。2018年,OpenAI和Google分别发布了GPT-1与BERT大模型,意味着预训练大模型成为自然语言处理领域的主流。在探索沉淀期,以Transformer为代表的全新神经网络架构,奠定了大模型的算法架构基础,使大模型技术的性能得到了显著提升。

3) 迅猛发展期(2020年至今):以GPT为代表的预训练大模型阶段

2020年,OpenAI公司推出了GPT-3,模型参数规模达到了1 750亿元,成为当时最大的语言模型,并且在零样本学习任务上实现了巨大性能提升。随后,更多策略如基于人类反馈的强化学习(RLHF)、代码预训练、指令微调等开始出现,被用于进一步提高推理能力和任务泛化。2022年11月,搭载了GPT-3.5的ChatGPT横空出世,凭借逼真的自然语言交互与多场景内容生成能力,迅速引爆互联网。2023年3月,OpenAI最新发布的超大规模多模态预训练大模型——GPT-4,具备了多模态理解与多类型内容生成能力。在迅猛发展期,大数据、大算力和大算法完美结合,大幅提升了大模型的预训练和生成能力,以及多模态多场景应用能力。如ChatGPT的巨大成功,就是在强大的算力以及海量数据的支持下,在Transformer架构基础上,坚持对GPT模型及人类反馈的强化学习(RLHF)进行精调的策略下取得的。

4.1.3 不断进化的大模型家族

大模型作为新物种,一直在快速进化,目前已经初步形成包括各参数规模、各种技术架构、各种模态、各种应用场景的大模型家族(图4-2)。

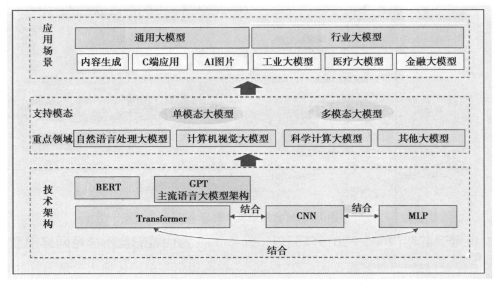

图4-2 大模型谱系图

从参数规模上看,大模型经历了预训练模型、大规模预训练模型、超大规模预训练模型三个阶段。据统计,每年参数规模至少提升10倍,实现了从亿级到百万亿级的突破。目前千亿级参数规模的大模型成为主流。

从技术架构上看,Transformer架构是当前大模型领域主流的算法架构基础,其上形成了GPT和BERT两条主要的技术路线,其中BERT最有名的落地项目是谷歌的AlphaGo。

从模态上来看,大模型可分为自然语言处理大模型,计算机视觉(CV)大模型、科学计算大模型等。大模型支持的模态数量更加多样,从支持文本、图片、语音等单一模态下的单一任务,逐渐发展为支持多种模态下的多种任务。

从应用场景来讲,大模型可分为通用大模型和行业大模型两种。通用大模型是具有强大泛化能力,可在不进行微调或少量微调的情况下完成多场景任务,相当于AI完成了"通识教育",ChatGPT、华为的盘古大模型都是通用大模型。行业大模型则是利用行业知识对大模型进行微调,让AI完成"专业教育",以满足在能源、金融、制造、传媒等不同领域的需求,如金融领域的BloombergGPT、法律领域的LawGPT,以及百度基于文心大模型推出的航天-百度文心、辞海-百度文心等。

4.1.4 大模型开发之道

目前大模型的开发主要有两种路径,一种是从头构建完整大模型,另一种是在开源的通用大模型上调优。前者所需数据、算力、时间投入较大,但大模型的性能更为突出。后者模型的参数和能力受限于开源模型,但成本较低,可以快速形成所需的大模型。

1)路径一:从头构建完整大模型

构建完整大模型一般分为四个步骤(图4-3)。

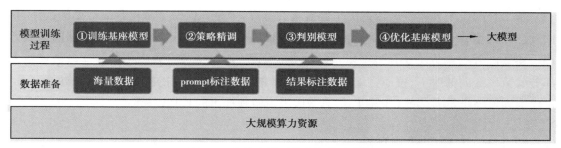

图4-3　完整大模型的主要构建步骤

首先是训练基座模型。基座模型已经初步具备良好的知识框架和认知能力,但需要复杂指令的准确引导才可以生成正确内容,因而一般不能直接用于日常交互。从模型算法角度看,目前主流的GPT类基座模型均基于Transformer的Decoder思路设计。从数据角度看,基座模型是实现涌现能力(参数达到一定规模时出现意想不到的能力)的基础,训练需要用到大量的数据,GPT-3用到了45TB的文本语料,GPF-4中还增加了图像数据等。从算力资源角度看,训练一个基座模型需要大量的算力和较长周期,为了提高效率,ChatGPT用到了近万张英伟达A100的GPU卡。基座模型可以理解为小孩已经生硬地背了大量古诗,但还不会熟练运用。你跟它说"举头望明月",它能对出"低头思故乡"。但你让它背一首"思乡"的诗,它就不会了。

其次是策略精调。目的是让模型具备适用性,能与人类正常交流,即让基座模型理解用户想问什么,以及自己答得对不对。这个环节主要通过高质量的人工标注<指令,答案>对模型进行优化。ChatGPT的标注数据集由OpenAI员工和从第三方网站雇用的标注员共同完成。这个过程可以理解为老师给学生上课,讲解很多诗句的含义。引导他看到"孤独"(prompt)可以写"拣尽寒枝不肯栖,寂寞沙洲冷"(答案),看到"豪情"(prompt),可以写"愿将腰下剑,直为斩楼兰"(答案)。

再次是训练一个独立于基座模型的判别模型,用来判断模型生成结果的质量,为下一步的强化学习做准备。由专门的标注人员对模型生成的结果按照相关性、富含信息性、有害信息等诸多标准进行排序,然后通过判别模型学习标注好排名的数据,形成对生成结果质量的判别能力。这一步是为小朋友培养一个伴读。通过给定一组题目(prompt),让小朋友为每个题目写多篇古诗。由老师为每首诗打分(结果标注),然后将结果告诉伴读。伴读需要学会判断哪首诗更符合题目,写得更有意境。

最后是利用奖励机制优化基座模型,完成模型的领域泛化能力。本阶段无须人工标注数据,而是利用强化学习技术,根据上一阶段判别模型的打分结果来更新内容生成模型参数,从而提升内容生成模型的回答质量。这一步是让伴读提升小朋友的水平,而老师可以休息了。伴读告诉小朋友,如果用"未若柳絮因风起"描写雪则可以有糖葫芦吃,如果用"撒盐空中差可拟"描写则没有糖葫芦吃。通过反复练习,最后就可以培养出一位"能诗会赋"的高手(成品大模型)。

2)路径二:在开源的通用大模型上调优

基于开源通用大模型进行调优是低成本的选择,也是大模型下游玩家最常见的选择,利用开源大模型,玩家可在一张高性能显卡中,约5小时就可完成包含200万条数据的参数微调。参数高效微调方法是目前业界主流的调优方式,在保持原有大模型的整体参数或绝大部分参数不变的情况下,仅通过增加或改变参数的方式获得更好的模型输出,影响的参数量可仅为大模型全量参数的0.1%以下,典型代表为微软提出的LoRA技术。

4.1.5 大模型评测方法

短时间内,国内外AI大模型数量激增,良莠不齐,尤其是如何对开源大模型进行评估成为新的课题,对于开源大模型选择、促进大模型的发展具有非常重要的价值。未来,对于企业客户来说,需要从诸多行业大模型中选择适合自己的大模型,第三方独立评估结果具有重要的参考价值。

目前业界还没有形成统一的权威第三方评测方法,主要的评测手段有两类。

一类是深度学习常用的语言理解数据集与评测指标,即通过运行标准的数据集,评测大模型的深度学习性能,常用的指标有准确率、召回率等。Meta、谷歌和华盛顿大学等合作推出的超级通用语言理解评估(SuperGLUE)包含7个任务的集合,能够测试大模型在回答问题和常识推理等多方面的能力。

另一类是面向大模型的文本生成、语言理解、知识问答等能力,设计专门评估指标体系,然后通过提问(prompt)的方式,根据生成的结果对模型进行评价。在具体操作上又分为人工评测和裁判大模型评测两种方式,人工评测由语言学家和领域专家根据主观判断来评价模型各个指标的表现,如OpenAI等机构邀请研究人员评测GPT系列模型;科大讯飞牵头设计了通用认知大模型评测体系,从文本生成、语言理解、知识问答、逻辑推理、数学能力、代码能力和多模态能力这7个维度481个细分任务类型进行评估。裁判大模型评测是指用一个较强大的语言模型来评测其他语言模型。例如,用GPT-4模型作为"老师",通过"老师"出题及评判其他模型的答案来实现机器评测。北京大学和西湖大学开源的裁判大模型PandaLM也实现了自动化、保护隐私和低成本的评估方式。

上述方式各有优缺点:语言理解数据集适用于初步评估大模型的基本性能,如翻译质量、语言表达能力等;人工评测适用于评估大模型的高层语言表达能力、情感理解力和交互性能等;裁判大模型评测适用于对大规模数据和模型进行快速评测,评估大模型的稳定性和一致性。

4.1.6　大模型商用之路

1)模型即服务(MaaS)成为确定的商业模式

与互联网或移动互联网发展初期没有成熟的商业模式相比,大模型自带光环,迅速形成了 MaaS 模式。具体来看,应用场景、产品形态及盈利模式主要有以下几类。

(1)互联网应用或 SaaS 应用

直接向终端用户提供大模型 SaaS 应用产品,通过订阅模式、按生成内容的数量或质量收费、按比例分成等模式实现盈利,如 Midjourney 提供每月 10 美元和 30 美元两种会员收费标准;ChatGPT 对用户免费,但 ChatGPT plus 每月收费 20 美元。

(2)"插件"(plugin)

大模型可集成加载第三方应用产品插件,大大拓展了大模型的应用场景,吸引更多用户,如 ChatGPT Plugins,大量餐饮、商旅网站和 App 通过插件加载集成到 ChatGPT,增强了 ChatGPT 的功能和体验,用户不是简单地聊天,而是可以一站式实现综合任务,如出差或旅游,大模型可以帮忙订机票、酒店、饭店以及租车等。

(3)自有应用重构

将自研的大模型能力直接内置嵌入自有应用,增强智能辅助和高效交互,为自有应用引流增加收益,如微软将 GPT-4 深度集成到 Office、Bing 等系列产品,功能要强大得多,如搜索可以对话式获取更聪明精确和综合的答案,office 可以为辅助客户撰写 PPT 和文档,只需说出需求,ChatGPT 即可快速生成一份模板化文档,稍作修改即可使用,大大提高了工作效率。

(4)开放 API

大模型平台开放 API,为开发者提供可访问和调用的大模型能力,按照数据请求量和实际计算量计费,开发者可以根据需要开发定制功能和应用,国内一些 ChatGPT 小程序和 Web 应用就是基于 ChatGPT 的 API 外包一层 UI 提供的,国内商汤"日日新"大模型也为用户开放 API 接口。

(5)大模型云服务

基于大模型和配套算力基础设施提供全套模型服务,如为客户提供自动化数据标注、模型训练、微调工具及增量支撑服务等,按照数据请求量和实际计算量计费,如 Azure OpenAI 服务,客户可开发训练自己的大模型,未来不提供大模型框架、工具和数据集处理能力的云将很难吸引客户"上云"。

(6)解决方案

提供定制化或场景化的行业应用解决方案,按具体项目实施情况收费,如科大讯飞智能客服解决方案,这种按项目和解决方案部署 AI 和大模型的应用适用于行业大客户,投入成本较高。

2)率先重构互联网、金融、传媒、教育等行业

要判断大模型在一个行业的发展机会,需要考虑模型能力在该行业的提升速度、三位一体(信息、模型、行动)体验程度以及能否对该领域的研发体系带来突破性进展。具体来看,大模型将率先在互联网、金融、传媒、教育等知识密集度高的行业快速渗透。

当前大模型已在搜索、办公、编程等互联网信息服务行业建立标杆,如微软 NewBing 引入 GPT-4 能力实现对话及复杂搜索、总结资料生成答案、发挥创意提供方案等,提升用户信息检索效率,这一点类似公有云初期主要在互联网领域应用。中期内,大模型将作为创作必备辅助工具在传媒、教育等行业进行应用推广,如全球范围内已有超过 300 万用户使用 OpenAI DALL·E 模型绘图,每天创建的图片数量达到 400 万张;在教育领域,基于大模型的 AI 智能助手可为学生提供更具个性化、情景化的学习材料,如科大讯飞学习机引入星火大模型功能辅助中小学生写作。未来,大模型在医疗、交通、制造等行业的长期渗透潜力大。

当前医疗、交通、制造等专业领域正积极探索大模型应用场景,如中文医疗语言大模型"商量·大医"通过多轮对话辅助支持导诊、问诊、健康咨询等场景;百度基于交通大模型的全域信控缓堵方案可实现 15%~30% 的效率提升;华为盘古大模型在矿山、电力等领域通过"预训练+微调"方式打造细分场景模型方案,如在煤矿场景下可减少 90% 以上的井下安全事故。未来随着行业数智化程度进一步提升、人工智能治理法律法规进一步完善,大模型在上述领域的应用将爆发。

3)以大模型为中心的生态加速构建

首先,大模型逐渐发展成为新型基础设施,为上层行业应用开发和开源生态提供低成本技术支撑,形成以大模型为中心的产品生态。大模型作为一种通用智能助手和交互工具,将重构现有大部分应用产品的交互方式和使用体验,如微软基于 GPT-4 能力的 GitHub Copilot X、Microsoft 365 改变用户原有编程、创作方式,用户仅需通过自然语言对话即可生成内容,当前谷歌、微软、阿里巴巴等头部企业陆续将大模型能力应用至各种产品中,构建以模型能力为核心的产品矩阵。

随后,大模型开源将促进新开发生态的形成,实现"智能原生"。开发者可以基于开源模型利用专有数据资料在本地进行开发训练,如加州大学伯克利分校、卡内基梅隆大学、斯坦福大学、加州大学圣地亚哥分校的研究人员联合推出 Vicuna,达到与 OpenAI 的 ChatGPT 相近的性能水平,训练成本仅需 300 美元。开源模型提升了大模型的可扩展性,同时将大模型的训练门槛从企业级降低到消费级,个人开发者利用计算机设备均能基于开源大模型进行定制化、本地化训练。未来基于开源大模型的定制版或将部署在云、边、端各个环节,带来云端和多云应用的重构和连接。

4.2　大模型要在实际行业落地

4.2.1　大模型的应用场景

大模型,如星云通信大模型、盘古大模型等,是人工智能技术的重要进展之一。这些模型通常基于大规模的语料库和复杂的神经网络结构进行训练,使它们在处理大量数据和复杂任务时展现出强大的能力。大模型可以用于多种场景和目的,以下是一些典型的应用示例。

1)自然语言处理

大模型在理解和生成自然语言方面表现出色。它们可以用于创建聊天机器人、语音识别系统、文本翻译工具,以及撰写和生成文章。

2)图像和视频分析

通过训练,大模型能够识别图像中的对象、检测异常、进行图像分类或生成图像。这在安防监控、医疗图像分析、自动驾驶车辆等领域有广泛的应用。

3)推荐系统

在电子商务、社交媒体和内容分发平台中,大模型可以分析用户行为,提供个性化的内容推荐,从而提高用户体验和满意度。

4)金融分析

在金融领域,大模型能够处理和分析大量金融市场数据,用于风险管理、股价预测、交易算法等。

5)智能运维

大模型可以帮助企业自动化运维任务,提高效率和准确性,如故障检测、日志分析等。

6)智能客户服务

大模型可以嵌入客户服务系统中,提供全天候的自动回答服务,解决客户问题,提高服务效率。

7)教育和培训

大模型可用于创建智能教育平台,提供个性化学习路径,以及自动化评估学生的作业和考试。

8)药物发现和生物医学研究

大模型能够处理和分析大量的生物医学数据,辅助药物发现和疾病诊断。

9)创作和设计

在艺术创作领域,大模型能够帮助创作音乐、绘画和设计作品,提供创新的灵感和元素。

10)自动驾驶和机器人技术

大模型在处理传感器数据、理解环境、做出决策等方面发挥重要作用,是自动驾驶汽车和机器人技术的核心组件。

4.2.2　人工智能模型在推理阶段都做些什么

人工智能模型的工作分为训练(training)和推理(inference)两个阶段,在跟人类聊天时,模型处于推理阶段,此时其不再调整自身参数,而是根据已经学习到的知识来进行预测和响应,以帮助人类完成各种各样的任务。

具体来说,在跟人类聊天时,人工智能系统会执行以下步骤的工作。

1)接收输入

接收人类的输入,通常是一句话或一段文字。多模态大模型还可以接收图片作为输入。

2)处理输入

将输入的文本编码成数字向量,以便计算机理解和处理。

在把输入的内容传送到大模型做推理之前,系统会对输入进行检测和预筛,针对不合规、不合法或不符合道德的有害问题,直接拒绝回答;针对特定问题,直接给出官方标准回答。

3)进行推理

模型会基于输入的文本,使用已经训练好的神经网络模型和它在之前的对话中所学到的知识来进行推理,找到最有可能的响应。

ChatGPT会将人类输入的文本作为上文,预测下一个标识(token)或下一个单词序列。具体来说,ChatGPT会将上文编码成一个数字向量,并将该向量输入模型的解码器中。解码器会根据该向量生成一个初始的"开始"符号,并一步步生成下一个token或下一个单词序列,直到遇到一个"结束"符号或达到最大长度限制。

ChatGPT使用了基于自回归(auto-regressive)的生成模型,也就是说,在生成每个token时,它都会考虑前面已经生成的token。这种方法可以保证生成文本的连贯性和语义的一致性。同时,ChatGPT也使用了束搜索(beam search)等技术来计算多个概率较高的token候选集,生成多个候选响应,并选择其中概率最高的响应作为最终的输出(图4-4)。

图 4-4 ChatGPT 的概率候选词

4)生成输出

将推理结果转换为自然语言,以便人类理解,通常是一句话或一段文字。

模型生成的回答文本也可能会经过系统中的合规性检测模块,确保输出内容符合要求,再输出给人类。

中文和英文的最小预测单元有什么不同?

前面我们以中文为例,模型会预测下一个字,实际上模型是预测下一个 token。在处理英文时,模型通常会使用分词技术将句子中的单词分割出来,并将每个单词作为一个 token进行处理。此外,模型也可以使用更细粒度的子词级别的 token 表示方法,以便更好地利用单词内部的信息。这种方法在处理一些英文中常见的缩写、不规则形式和新词时可能会更加有效,还能压缩词库中词的数量。

预测下一个字的概率时,一定会选最高概率的字吗?

在生成 token 时,模型通常会将解码器输出的每个 token 的概率归一化,并根据概率选择一个 token 作为生成的下一个单词或标点符号。如果只选择概率最高的 token,生成的响应会比较保守和重复。因此,ChatGPT 通常会使用温度(temperature)参数来引入一定程度的随机性,以使生成的响应更加丰富多样。就像掷骰子一样,在概率高于临界点的 token 中随机选择,概率较高的 token 被选中的可能性较大。

应用程序编程接口的开发者可以根据实际场景的特点和需求,对 temperature 值进行调整。通常情况下,较大的 temperature 值会有更多机会选择非最高概率 token,从而产生更多样的响应,但也可能会导致生成的响应过于随机和不合理;相反,较小的 temperature 值可以产生更保守和合理的响应,但也可能会导致生成的响应缺乏多样性。

4.3 提示词技术

提示词技术通常指的是一种通过精心设计的提示词(或称为"指令")来增强或指导特定系统或算法性能的技术。这种技术在人工智能、自然语言处理、机器学习等领域中尤为常见,它允许用户或开发者通过简短的文本或指令来精确地控制模型的输出或行为。在以下场景中,我们可以更具体地探讨这种"魔法般"的提示词技术的应用。

4.3.1 自然语言处理

AI研究的核心目标是希望计算机拥有与人类一样的智慧和能力。而语言,是人类最重要的思维、认知与交流的工具。历史上,人类智慧的每一次进步都离不开语言的推动。因此,如何让计算机有效地理解人类语言,进而实现人机之间有效的信息交流,被视为AI领域最具挑战性的技术分支之一。自然语言是人类通过社会活动和教育过程习得的语言,包括说话、文字表达及非语音的交际方式,这种习得的能力或许是先天的。AI发展史上著名的"图灵测试",就是以利用自然语言进行交流的能力作为判断机器是否已达到拟人化"智能"的关键指标——如果机器在对话交流中做到成功地让人类误认为它也是"人类",就意味着机器通过了图灵测试。

长期以来,对自然语言处理(NLP)的研发一直是AI科学家的重要议题,他们希望通过算法模型让AI拥有分析、理解和处理人类语言的能力,甚至可以自己生成人类语言。自20世纪50年代起,计算语言学家就有过这样的尝试:使用教孩子学习语言的方式去教计算机,从最基础的词汇、语法开始,由浅入深,逐步推进。但进展缓慢,效果并不显著。近年,深度学习技术的出现打破了僵局,使科学家在教计算机学习语言这件事上,逐渐摒弃了传统的计算语言学方法。

这背后的原因其实不难理解。在"学习"方面,深度学习技术具有得天独厚的优势不仅可以轻松掌握复杂的词汇关系和语言模式,还能凭借"计算机学生"的特性,通过源源不断的数据汲取更多知识,进而实现能力的扩展。因此可以说,在深度学习技术出现后,计算机学习人类语言变得事半功倍。

在深度学习技术的支持下,NLP领域各项检测标准的纪录都不断被刷新,特别是在2019—2020年,这个领域出现了许多令人兴奋的关键性突破。

4.3.2 文本生成

文本自动生成是自然语言处理领域的一个重要研究方向,实现文本自动生成也是人工智能走向成熟的一个重要标志。简单来说,期待未来有一天计算机能够像人类一样会写作,以及撰写出高质量的自然语言文本。文本自动生成技术极具应用前景。例如,文本自动生成技术可以应用于智能问答与对话、机器翻译等系统,实现更加智能和自然的人机交互;也可以通过文本自动生成系统替代编辑实现新闻的自动撰写与发布,最终可能颠覆新闻出版行业;该项技术甚至可以用来帮助学者进行学术论文撰写,进而改变科研创作模式。

近年来,人们时常听到一些令人惊叹的新闻,如AI写诗、AI创作小说等。本节将介绍这种功能是如何通过深度学习来实现。

通常文本生成的基本策略是借助的语言模型,这是一种基于概率的模型,可以根据输入数据预测下一个最有可能出现的词,而文本作为一种序列数据(sequence data),词与词之间存在上下文关系,所以　　　　　　　　　　　NN)基本上是标配,这样的模型被称为神经语言模型(neural language model)。在训练完一个语言模型后,可以输入一段初始文本,让模型生成一个词,把这个词加到输入文本中,再预测下一个词。这样不断循环就可以生成任意长度的文本,如图4-5所示,给定一个句子"The cat sat on them"可生成下一个字母"a"。

图4-5中语言模型(language model)的预测输出其实是字典中所有词的概率分布,通常会选择生成其中概率最大的那个词。然而,图中还出现了一个采样策略(sampling strategy),这意味着人们并不总是希望生成概率最大的那个词。设想一个人的行为如果总是严格遵守规律、缺乏变化,容易让人感到乏味;同样,一个语言模型若总是按概率最大的模式生成词,那么生成文本可能会显得单调且缺乏多样性。因此在生成词的过程中引入了采样策略,在从概率分布中选择词的过程中引入一定的随机性,这样,一些本来不大可能组合在一起的词也可能会被生成,进而使生成的文本变得有趣甚至富有创造性(图4-5)。

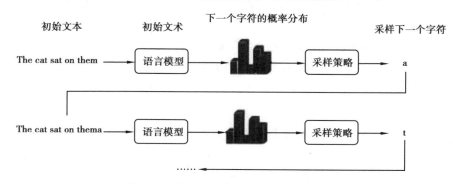

图4-5 基于深度学习的文本生成例子

通常在新闻中见到的"机器人写作""人工智能写作""自动对话生成""机器人写古诗"等,都属于文本生成的范畴。有许多关于文本生成的有趣案例。例如,2016年MIT计算机科学与人工智能实验室的一位博士后开发了一款聊天机器人,叫作Deep Drumpf,它可以模仿当时的美国总统候选人Donald Trump的风格发文。此外,有媒体报道称,谷歌的人工智能项目在学习了上千本浪漫小说之后,能写出后现代风格的诗歌。

"早春江上雨初晴,杨柳丝丝夹岸莺。画舫烟波双桨急,小桥风浪一帆轻。"谁能想到,这是人工智能以"早春"为关键词创作的一首诗。这首诗的作者"九歌",由清华大学计算机科学与技术系孙茂松教授带领团队历时三年研发而成。

"计算机怎样作出这样的诗,我们也不知其中规则。"孙茂松说,这是深度学习的"黑箱"现象。在他看来,每首古诗像一串项链,项链上的珠子就是字词。深度学习模型先把项链彻底打散,然后通过自动学习,将每颗珠子与其他珠子之间的隐含关联赋予不同的权重。作诗时,再将这些珠子重新串成项链。

在孙茂松看来,目前人工智能创作仍颇受限制,理论上并未超出前人在千百年诗歌创作实践中无意识"界定"的创作空间。古人写诗是"工夫在诗外",常根据经历有感而发,既有内容又有意境,而机器暂时难以做到"托物言志"或"借景抒情"。

4.3.3 问答系统

问答系统(question answering system，QAS)是信息检索系统的一种高级形式,它能用准确、简洁的自然语言回答用户以自然语言提出的问题。问答系统是一种以自然语言或语音与用户进行自由问答交流的计算机程序,它在用户和基于计算机的应用程序之间提供了一个接口,允许用户以一种相对自然的方式与应用程序进行交互。目前,问答系统正以文本、图形、语音等多模态的形式发展。问答系统是目前人工智能和自然语言处理领域中一个备受关注并具有广泛发展前景的研究方向。一般问答系统模型通常由以下几部分组成。

①自然语言理解(natural language understanding，NLU),将自然语言信息转换成语义槽,通俗来讲,就是将文本语言转换为计算机可以表示并理解的信息。

②问答状态跟踪,即问答管理,系统根据历史问答和当前用户的输入,产生当前的问答状态,并决定输出的动作。

③自然语言生成(natural language generation，NLG),将计算机的语言理解表示映射为人类熟悉的自然语言。当然,有些问答系统的输入输出并非自然语言,而是语音,那么在输入时需要将语音转换为自然语言,在输出时将自然语言转换为语音。

不同类型的问答系统在数据处理的方式上有所不同。虽然不同的问答系统面对不同的任务有着各自的架构体系,但根据数据的流动方式,一般可以将其分为3层结构,即用户层、中间层、数据层,问答系统的结构框图如图4-6所示。各部分的主要功能如下:

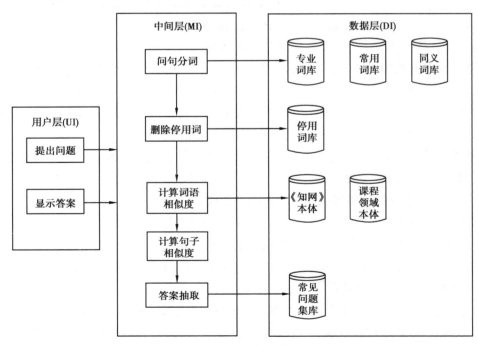

图4-6 问答系统的结构框图

①用户层(UI)。用户层提供用户输入提出的问题,并显示系统返回的答案。

②中间层(MI)。中间处理层,主要负责问句分词、删除停用词、计算词语相似度、计算句子相似度、答案抽取。

③数据层(DI)。数据层负责系统的知识库存储,主要有专业词库、常用词库、同义词库、停用词库、课程领域本体和常见问题集(FAQ)库。根据涉及的应用领域进行分类,可将问答系统分为限定域问答系统和开放域问答系统。限定域问答系统是指系统所能处理的问题只限定于某个领域或者内容范围,比如只限定于医学、化学或者某企业的业务领域等。典型的限定域问答系统包括BASEBALL(只能回答关于棒球比赛的问题)、LUNAR(只能回答关于月球岩石的化学数据的相关问题)、SHRDLU(只能回答和响应关于积木移动的问题)等。由于系统要解决的问题限定于某个领域或者范围,因此如果把系统所需要的全部领域知识都按照统一的方式表示成内部的结构化格式,则回答问题时就能比较容易地产生答案。开放域问答系统不同于限定域问答系统,这类系统可回答的问题不限定于某个特定领域。在回答开放领域的问题时,需要一定的常识或者世界知识并具有语义词典,如英文的WordNet在许多英文开放域问答系统中都会使用。此外,中文的WordNet、"同义词词林"等也常在开放域问答系统中使用。

根据任务类型进行分类,可将问答系统分为面向任务型问答系统和面向非任务型问答系统。面向任务型问答系统的目的是完成具体的任务,如查询酒店、订餐等。而面向非任务型问答系统的主要目的是与用户进行自由交流,很典型的例子就是当前流行的聊天机器人。面向非任务型问答系统有基于检索的方法、基于生成的方法、基于检索和生成的混合方法。

问答系统作为人工智能技术的有效评价手段,目前已有60多年的研究历史,问答系统主要应用于Web形式的问答网站,代表产品有百度知道、新浪爱问、知乎网等这些即问即答网站。如今问答系统仍然存在一些亟需解决的问题,如自然语言理解能力有待进一步提高。

4.3.4 对话系统

对话系统广泛应用于聊天机器人、各行业的智能客服、智能音箱中,对话系统也是最接近图灵测试形态的系统。早在1966年就诞生了聊天机器人ELIZA,一直以来,基于规则和统计这两种思路的技术不断突破,众多聊天机器人产品不断诞生。2011年IBM的沃森(Watson)在智力竞赛的人机大战中战胜人类,2014年前后微软开发了智能聊天机器人小冰。经过多次迭代,现在的聊天机器人在智能程度上有了显著提升。

在对话系统中,一般会包括自然语言理解(NLU)、对话状态追踪(dialogue state tracking,DST)、对话策略(dialogue policy, DP)、自然语言生成(NLG)等模块,如果需要进行语音输入和输出,还会包括自动语音识别(automatic speech recognition,ASR)、文本转语音(text to speech, TTS)等模块。尽管这些模块需要系统化配合工作,但早期基于深度学习技术的实现,更注重每个环节的可行性,即先分阶段解决问题,再进行整个业务流程的串联,因此那时在技术实现上会先进行独立模块化学习再串联流水线。随着业务应用和技术的成熟,联合训练、端到端训练等方法被广泛使用,无论是训练还是推理,都更加高效了。而分阶段的方法因为具有可对某些环节进行针对性、精细化优化的优点,所以现在依然有不少应用。

NLU将输入的语言转变为机器可理解的结构化语义表述,一般会转换为用户意图(user intention)、槽值(slot-value)。用户意图很好理解,即用户表述语言的目的,比如用户问:"明天深圳天气如何?"用户意图即查天气;槽值是语句中更细致的信息填充,比如"地点—深圳;时间—明天",这属于NLP中的信息抽取的范畴。NLU中还涉及用户情感、歧义消解等任务。上述所有功能都是为了更好地理解用户语言意图。

DST应用在多轮对话中,是对用户需求和当前对话状态进行追踪的模块,目的在于理解与用户沟通过程中的上下文信息,以进一步推断当前状态和具体含义。特别是在一词多义的场景中,由于每个词所代表的意义千差万别,所以需要结合上下文状态信息来判断用户意图。

DP用于根据当前的对话状态,判断和决定下一步执行计划。DP通过决策生成结构化的语义表述。对于决策的方法,可使用基于强化学习的方法来学习策略网络得到。

NLG是将DP输出的结构化语义表述转换为文本语言,NLG其实也可以理解为一种翻译。NLG会有基于规则和基于统计两种方法,基于规则的方法中比较常见的是通过话术模板的方式进行转换,而基于统计的方法可使用序列到序列(Seq2Seq)及监督的方法实现。

在功能逻辑上,对话系统对语音的处理过程从输入到输出会依次经历NLU、DST、DP、NLG多个技术模块,如果是从语音模态的输入到输出,需要经过ASR、NLU、DST、DP、NLG、TTS,如图4-7所示。

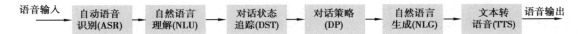

图4-7 对话系统对语音的处理过程

1)生成式和检索式

从整体应用来看,有针对金融、互联网场景的智能客服这类问答型对话系统,还有如微软小冰这类闲聊型的聊天机器人。无论是哪种对话系统,主流的实现方法主要分为生成式和检索式两大类,这两类方法可以分别类比为问答题和选择题。

检索式对话系统是在语料库中选择最合适的回答,对于一些比较简单的场景,如果问题非常简单,通常一个回复就可以解决,那么使用检索式对话系统就可以满足大部分的需求。在一些需要多轮对话或开放式的聊天场景中,语料库需要非常庞大,此时需要在检索方法上使用特定的加速策略。

生成式对话系统可以看作是解决序列到序列的问题。序列到序列模型最早在机器翻译领域获得巨大成功,但机器翻译有比较明确的源句与目标句的对应关系。而对于开放式的生成式对话系统而言,对话结果没有标准答案,面对的是一道主观题。尽管对话很主观开放,但在聊天时需要"聊到一块去"才有意义,而这需要非常多的限定背景信息,比如知道对方的性别、年龄、职业、身份等,只有这样,聊天的话题才更有方向。因此,生成式对话系统要在条件非常多的情况下生成回答,而条件在一定程度上限定了问题的搜索空间。

生成式对话系统在问题评估和生成上有难度,学术界针对这两个问题进行了大量研究,但也正是这两个问题导致生成式对话系统要比检索式对话系统实现难度更大。因此,从成本角度考虑,在满足可用的前提下,工业界更倾向于使用检索式对话系统。

2)对话系统的评价

对话系统的评价是评判系统在对话反馈上的效果好坏,主要分为定性和定量两种评价手段。定性评价通过人工进行判别,定量评价是由机器对提供的参考内容进行量化评估,通过优化算法更加便捷地实现目标。

评价对话系统的方式非常多,通常包括基于词或短语匹配程度的n-gam方法,计算机器响应和参考响应之间匹配度的BLEU和ROUGE指标;使用词向量进行评价,即将词组、句子等文本转换为向量表示,所有句子被映射到一个向量空间,无论是机器生成的还是人工参考的句子,向量在空间中表征了句子的含义,通过对比句子之间的距离可评价两个句子的相似度,从而评价生成的句子是否合理。

由于对话系统中很多对话是开放式的,有非常多的合理应答,因此相比基于词语匹配度的方式,基于词向量的方式大大增加了对多样答案的包容性。

4.3.5 提示词技术注意事项

要发挥提示词技术的最佳效果,需要注意以下事项:

1)深入洞察用户需求

在构思设计提示词之初,务必全面且深入地把握目标用户的需求与期望。这一步骤至关重要,它能确保我们所构建的提示词精准地映射用户的真实意图,并有效引导模型生成符合需求的输出结果。通过深入的用户调研和分析,能更好地满足用户的特定需求,从而提升用户体验和满意度。

2)精心打造提示词

提示词的设计应追求简洁、明确,并具备较强的针对性,应避免使用含糊不清或过于复杂的语言表述,以免给模型带来困惑或导致输出结果的偏差。一个精心设计的提示词能够清晰地指引模型的理解方向,确保生成的内容既符合用户期望,又具备高度的准确性和相关性。

3)精细化调整模型参数

在应用提示词技术时,还需要根据具体的应用场景和需求,对模型的参数进行精细化调整。这包括选择最合适的预训练模型作为基础、合理设置学习率以控制训练过程,以及确定适当的迭代次数以确保模型的充分学习。通过这些参数的优化,可以显著提升模型的性能和泛化能力,使其更好地适应各种实际应用场景。

4)持续迭代与优化策略

在实际的企业应用中,提示词技术往往需要经历不断迭代和优化的过程。应积极收集用户的反馈意见,深入分析模型的性能表现,并根据这些信息及时调整提示词策略。通过持续的迭代和优化,不断提升提示词技术的实战效果,确保其在企业应用中的稳定性和高效性。同时,这也有助于企业及时发现并解决潜在的问题,为数智化转型提供有力支持。

4.4 体验大模型的神奇之处

在当今这个信息快速发展的时代,人工智能技术的飞速发展正不断刷新着我们对科技的理解。其中,大模型技术作为人工智能领域的一颗璀璨明星,其神奇的能力正逐渐走进我们的日常生活,为我们带来前所未有的便利和惊喜。

大模型,简单来说,就是拥有海量参数和强大计算能力的深度学习模型。它们能够处理海量的数据,学习其中的复杂模式,并在各种任务中展现出惊人的性能。与传统模型相比,大模型在处理复杂问题时更加得心应手,能够提供更准确、更丰富的结果。大模型的神奇之处主要体现在其广泛的应用场景和卓越的性能上。以下是一些大模型所带来的独特体验和优势。

4.4.1 跨领域知识融合

大模型通过在海量的数据中学习,能够融合不同领域的知识。这使大模型在处理跨领域的任务时,能够展现出强大的适应性和准确性。例如,在智能问答系统中,大模型能够准确理解用户的意图,并提供符合用户需求的答案。

> 📖 **案例展示**
>
> 1)案例背景
>
> 假设有一个智能客服系统,该系统基于大模型技术进行构建,能够与用户进行自然、流畅的对话,帮助用户解决问题。在这个案例中,用户小张想要查询某个产品的使用说明。
>
> 2)案例操作
>
> (1)用户意图的识别
>
> 小张打开智能客服系统,输入了"我想知道这个产品怎么用"。对于这样一条简短的请求,大模型能够迅速进行语义分析和意图识别。通过深度学习算法和自然语言处理技术,大

模型能够理解"我想知道"表示的是一个查询意图,而"这个产品怎么用"进一步明确了查询的内容是关于产品的使用说明。

（2）精准匹配与回答

识别出用户意图后,大模型会在预先构建的知识库中搜索相关信息。这个知识库包含了产品的详细使用说明、常见问题解答等。通过语义匹配和上下文推理,大模型能够找到与小张请求最匹配的内容,并生成一个简洁明了的答案。

在这个案例中,大模型可能会回复:"您好,以下是该产品的使用说明。请按照步骤操作即可……"同时,为了方便用户理解,大模型可能会提供图片、视频等多媒体形式的辅助信息。

（3）交互优化与反馈学习

如果小张对回答不满意或者需要进一步帮助,他可以继续与大模型进行对话。在这个过程中,大模型会不断地收集用户的反馈和交互数据,通过强化学习等算法进行自我优化和改进。这样,随着时间的推移,大模型对用户意图的理解会越来越准确,提供的服务也会越来越人性化。

通过这个案例,我们可以看到大模型在理解用户意图方面的强大能力。通过深度学习和自然语言处理技术,大模型能够准确地识别用户的查询意图和需求,并提供精准的答案和帮助。随着技术的不断进步和应用场景的不断拓展,未来大模型在人工智能领域的应用将会更加广泛和深入。

4.4.2　自然语言处理能力强

大模型在自然语言处理方面取得了显著的进步。它们能够更准确地理解自然语言文本的含义和上下文关系,从而实现更加精准的自然语言生成和文本分析。这种能力使得大模型在智能客服、语音助手等场景中得到广泛应用。以下,我们将探讨几个大模型在自然语言处理领域的杰出案例。

1）GPT系列模型

GPT（generative pre-trained transformer）是OpenAI团队开发的一系列基于Transformer架构的预训练语言模型。其中,GPT-3作为该系列的成员之一,拥有高达1 750亿个参数,是目前世界上最大的自然语言处理模型之一。GPT-3模型能够完成多种NLP任务,包括文本生成、问答系统、语言翻译等,其生成的文本在连贯性和自然性上达到了较高水平。

📖 **知识小窗**

GPT-3作为一项前沿的提示词技术,其在企业文本生成领域应用展现了非凡潜力。这项技术不仅能自动编写新闻稿、故事、诗歌等多种类型的文本内容,而且其生成的文本在风格、结构和语言表达上,与人类自创的作品高度相似。比如,在企业新闻发布和内容创作方面,GPT-3能够迅速生成符合品牌调性和传播需求的新闻稿,大大提升了内容生产的效率和质量。无论是报道企业最新动态,还是阐述行业观点,GPT-3都能以流畅、自然的文笔,呈现出引人入胜的文本内容,为企业的品牌传播和市场营销提供有力支持。

2)BERT模型

BERT(bidirectional encoder representations from transformers)是Google团队开发的一种基于Transformer架构的预训练语言模型。BERT模型通过在大规模的语料库上进行无监督学习,学习到了丰富的语言知识和语义信息。这使BERT模型在各种NLP任务中都取得了优异的成绩,如文本分类、命名实体识别、情感分析等。

BERT模型的一个典型应用是搜索引擎的语义搜索。传统的搜索引擎主要基于关键词匹配来返回结果,而BERT模型可以深入理解用户查询的语义信息,从而返回更加准确和相关的结果。此外,BERT模型还可以用于智能客服系统中,用于理解用户的问题并给出相应的回答。

3)T5模型

T5(text-to-text transfer transformer)是Google团队开发的一种多任务自然语言处理模型。与GPT和BERT等模型不同,T5模型将各种NLP任务都转化为文本到文本的转换任务,通过统一的模型结构来处理不同的任务。这使T5模型具有很强的泛化能力和可迁移性,可以在不同的NLP任务上取得较好的效果。

> 📖 **知识小窗**
>
> T5模型可以用于文本摘要、机器翻译、情感分析等多种任务。在文本摘要任务中,T5模型可以将长文本压缩成简短的摘要,同时保留原文的主要信息和结构。在机器翻译任务中,T5模型可以实现多种语言之间的自动翻译,其翻译质量已经接近人类翻译的水平。

大模型在自然语言处理领域的应用已经取得了显著成果,为我们带来了更加智能和高效的文本处理工具。未来,随着技术的不断进步和模型的不断优化,我们有理由相信大模型将会在更多领域发挥更大的作用,推动人工智能技术的进一步发展。

4.4.3　强大的图像识别能力

除了自然语言处理,大模型在图像识别方面也具有出色的性能。它们能够识别图像中的物体、场景和人脸等,并进行精准的分类和识别。这种能力使得大模型在安防监控、智能识别等领域具有重要应用价值,具体如下。

大模型在图像识别方面的应用,不仅体现在对简单物体的识别,更体现在对复杂场景、多样姿态、多种光照条件下的目标进行检测与识别。这得益于大模型在深度特征提取和上下文关系理解方面的独特优势。无论是人脸识别、车辆识别,还是动物识别、植物识别,大模型都能以惊人的准确率和速度完成任务。

大模型在图像识别方面的优势显而易见,其精准度和效率远超传统方法。然而,这并不意味着大模型没有挑战。首先,大模型的训练需要大量的数据和计算资源,这对硬件和软件都提出了更高的要求。其次,大模型的复杂结构导致其可解释性较差,难以直接应用于一些对安全性要求极高的场景。

尽管面临诸多挑战,但大模型在图像识别领域的应用前景依然广阔。随着技术的不断进步和硬件性能的持续提升,我们有理由相信,大模型将在更多领域展现出强大的实力。例如,在自动驾驶领域,大模型可以实现对车辆、行人、交通信号等复杂元素的精准识别,从而确保行车安全。在医疗领域,大模型可以帮助医生进行疾病诊断和治疗方案制定,提高医疗质量和效率。在安防领域,大模型可以实现人脸识别和异常行为检测,保障公共安全。

4.4.4 个性化推荐和预测

大模型通过分析用户的行为和偏好,能够为用户提供个性化的推荐和预测服务。例如,在电商平台上,大模型可以根据用户的购买历史和浏览行为,为用户推荐符合其需求的商品。在社交媒体上,大模型可以预测用户的兴趣和喜好,从而提供更加精准的内容。

1)大模型如何收集数据

大模型通过分析用户的购买历史和浏览行为来收集数据。这些数据包括用户在电商平台上的搜索记录、浏览页面、停留时间、点击商品、加入购物车、购买记录等。这些数据不仅包含用户的显性需求(如直接购买的商品),还包含隐性需求(如浏览但未购买的商品)。

2)大模型如何分析数据

收集到数据后,大模型会运用机器学习算法对数据进行分析。这些算法可以识别出用户的行为模式、偏好和兴趣点。例如,通过分析用户的浏览记录,模型可以了解用户对于不同类型、不同价格、不同品牌的商品的偏好;通过分析用户的购买记录,模型可以预测用户未来的购买行为。

3)大模型如何生成推荐

在分析了用户数据后,大模型会生成个性化的商品推荐。这些推荐不仅基于用户的历史行为,还考虑了当前的市场趋势、商品库存、促销活动等因素。推荐的方式可以是直接展示在购物车页面或商品详情页面,也可以是通过邮件、短信或App推送的方式通知用户。

4)大模型推荐的优势

大模型推荐的优势在于其精准性和个性化。与传统的推荐方式相比,大模型推荐能够更准确地把握用户的需求和偏好,从而为用户推荐更符合其需求的商品。同时,大模型推荐还能够根据用户的行为变化和市场趋势进行实时更新和调整,使推荐结果更加符合用户的期望。

总之,大模型通过跨领域知识融合、自然语言处理能力、图像识别能力、个性化推荐和预测等多方面的卓越能力,为我们带来了前所未有的便利和惊喜。它们将在未来的科技发展中发挥更加重要的作用,并推动人工智能技术的不断进步。

📖 **案例展示**

"崔筱盼"数字化员工

2021年度万科公司获优秀新人奖的员工"出圈"了,这位叫"崔筱盼"的员工并非真人,而是数字员工。"崔筱盼"是在人工智能算法基础上,依靠深度神经网络技术渲染而成的虚拟人物形象,目的是赋予人工智能算法一个拟人的身份和更有温度的沟通方式。自2021年2月入职以来,随着算法的不断迭代,"崔筱盼"的工作内容陆续增加,从最开始发票与款项回收事项的提醒工作,扩展到如今业务证照的上传与管理、提示员工社保公积金信息维护等,深受员工的喜爱,一致评定"崔筱盼"为优秀员工。

数字人的出现是数智化发展的必由之路,今后企业里有两类员工,一类是人类员工,另一类是数字员工,两类员工协作共事。

4.5 案例——中关村科金大模型+"医保小智":让医保服务有"获得感"

4.5.1 新质生产力化解医保经办服务难题

目前,我国医保参保人数超过13亿人,这一庞大的数据反映出,社会各方面对医保服务的大量需求。虽然全国已逐步启动数字政府的医疗保障场景建设,但巨大医保服务压力尚未得到根本缓解。在医保经办服务场景下,群众办事难问题依然存在,特别是医保咨询难投诉多;医保服务以人工为主,服务效率低,难以胜任群众海量咨询;医保服务工作考核机制不全、监管难,服务质量也缺乏保证。

越来越多的人意识到,医保服务领域迫切需要借助新质生产力支撑的智慧医保,持续提升医保部门"高效办成一件事"的能力水平,更好地服务广大参保群众、赋能广大医疗机构和医药企业,让贴心服务成为医保的亮丽名片。

为了提高医保体系服务水平,给民众提供有获得感的医保服务,国家政策方面鼓励医保机构、市场主体运用大数据、云计算、人工智能、区块链等新质生产力,针对医保服务优化、医疗效能提升、医药流向可追溯等问题提出解决方案,推动包括"三医"领域在内的多领域新质生产力加快发展。

实践证明，创新已成为推动医保管理和服务模式转型升级的重要引擎。从超过10亿用户的医保码，到浙江衢州的"票据上链"，再到江苏南京的"医保高铁"，这样的鲜活案例有很多，都生动展现了新技术赋能医保迸发出的强大生命力。

4.5.2 立体服务让"医保小智"成为杭州医保亮丽的名片

以杭州市医疗保障局为例，针对群众关心的急难愁盼问题，其采用医保智慧服务解决方案，通过AI智能综合服务平台——"医保小智"，实现了用户医保服务全流程"远程在线窗口"办理，让参保人员足不出户就能"面对面"办理业务。

面对医保服务业务繁复、政策多变，服务人员难以掌握最新信息的难题，"医保小智"服务平台结合医保政策文件、公众号办事指南，以及医保热门问答知识，校准医保业务知识底座，可将知识库扩充到几万个。

通过多轮交互的技术框架，智能综合服务平台能提高意图识别准确率及大模型的推理能力，再利用检索增强生成技术（RAG），设计了稀疏检索和向量检索相结合的融合检索方案，利用外部知识源提高大模型回答的准确性，打造可落地的大模型应用场景，从而有效缓解因医保政策专业复杂、工作人员知识储备不足造成的业务咨询压力，也为后续大模型+各类应用奠定基础。

对于参保人员业务办理咨询渠道单一、受限的人工服务时间、群众费时费力多次跑等痛点问题，"医保小智"服务平台以群众需求为导向，推出了多种智能化咨询服务手段，满足老百姓多元化的服务需求。

一是语音客服"智能会话"，实现全时段智能应答。平台依托AI语音机器人，实现全天候高效智能语音接待，轻松地将批量通知、提醒等服务主动递送至目标群众。若AI在通话过程中遇到疑难问题，支持无缝转接人工跟进，智能精准锁定服务对象。

二是文字客服"即时应答"，实现高效率智能回复。参保人员可通过"浙里办""杭州医保"微信公众号等多渠道接入小智平台，平台智能客服将以文本应答的方式快速将需要的资料或答案提供给参保人员，做到有问必答，及时响应。通过文本应答的展示形式，问答展示更直观、问题答案更准确，答案阅读更清晰并可反复观看，进一步提高了咨询效率和效果。

三是视频客服"远程办理"，实现远程可视化交流办事。运用RTC实时音视频通信、人机交互协助、远程智能控制、电子化信息采集、图像识别等新技术手段，实现填表、签字、盖章确认等在线业务办理，提供更加安全高效、便捷灵活的远程服务，经办人员可通过视频连线与办事群众面对面交流，实现可视化远程办理、在线帮办导办，真正让老百姓从"最多跑一次"到"一次也不跑"。

由此，"医保小智"服务平台通过大模型智能知识库搭建"语音+文字+视频"立体化服务场景，实现了经办服务流程优化、经办服务时限大幅缩短的效果。

自"医保小智"上线以来，杭州医保局的AI语音客服共接待市民56.1万次通话咨询，人工接待回复约为35.9万次;AI文字客服接待总会话量为30万次,有效会话量26.3万次,有效会话率达到87.67%;通过接入12393医保服务热线,助力浙江省医保咨询"一号受理",打造省市县高度配合的一体化服务体系,成为浙江医保体系一张亮丽的名片。

在"医保小智"的背后,是中关村科金坚持探索前沿人工智能技术与政务领域应用场景的落地,融合AI大模型链接医保服务,数智化创新赋能医保经办流程,打造了得助AI智能综合服务平台,让群众办理医保业务实现"零次跑"和"即问即办"。"医保小智"的应用,不仅以智慧医保手段推动了医保服务的优化升级,切实解决了参保人员的痛点问题,也体现了以AI大模型为代表的新质生产力的独特优势。

知识延伸

"百模大战",夯实基础模型,方是大模型发展之路

2024年,ChatGPT引领了全球人工智能的新一轮创新浪潮。以中国为例,《2023—2024年中国人工智能计算力发展评估报告》显示,截至2023年10月,中国累计发布200余个大模型(包括基础和行业类),已进入"百模大战"的新时代,在彰显我国人工智能领域创新实力和发展潜力的同时,对如何选择和走出具有中国特色的大模型发展之路也提出了挑战。

1)"心急吃不了热豆腐","全能"基础大模型才是基石

提及国内的"百模大战",可谓是百花齐放,但根据其属性分类,可基本分为基础和行业模型两大类,出于尽早进入市场,尝试尽快实现商业变现的需求,国内大模型的发展有向行业模型倾斜的趋势,甚至出现了针对基础模型不要"重复造轮子"的论调。事实真的如此吗?

2021年8月,李飞飞和100多位学者联名发表的一份200多页的研究报告 *On the Opportunities and Risk of Foundation Models* 中提出了基础模型(foundation model),国际上称为预训练模型,即通过在大规模宽泛的数据上进行训练后能适应一系列下游任务的模型。

相较于小模型或者所谓行业模型(针对特定场景需求、使用行业数据训练出来的模型),基础模型优势主要体现在以下几个方面。

首先是涌现能力强,它指的是模型规模超过某个参数阈值后,AI效果将不再是随机概率事件。在通用领域,参数量越大,智能通常涌现的可能性就越大,AI准确率也会更高。在专用垂直领域,基础模型裁剪优化后更容易取得精确的效果。

其次是适用场景广泛。人工智能大模型通过在海量、多类型的场景数据中学习,能够总结不同场景、不同业务下的通用能力,摆脱了小模型场景碎片化、难以复用的局限性,为大规模落地人工智能应用提供可能。

最后是研发效率提高。传统小模型研发普遍为手工作坊式,高度依赖人工标注数据和人工调优调参,研发成本高、周期长、效率低。大模型则将研发模式升级为大规模工厂式,采

用自监督学习方法,减少对特定数据的依赖性,显著降低人力成本、提升研发效率。

此外,基础大模型还具有同质化特性,即基础模型的能力是智能的中心与核心,它的任何一点改进都会迅速覆盖整个社区;反之,隐患在于大模型的缺陷也会被所有下游模型继承。而这又从反面证明了基础大模型作为小模型基础的重要性。

以当下流行的GPT-4为例,其实它就是一个能力强大的基础大模型,没有行业属性,通用智能是其最核心的部分,对于所谓小模型或者面向行业场景的行业模型来说,基础大模型结合行业数据和行业知识库,就可以在行业中实现更高效的落地,这里最典型的例子就是微软推出的基于GPT-4平台的新Bing和Copilot应用。而其背后揭示的是通过发展基础大模型,构建技能模型,进而落地行业模型,符合大模型自身技术发展规律的必由之路。

所谓"心急吃不了热豆腐"。当我们在基础大模型这块基石尚不牢固时,盲目追求所谓落地的技能和行业模型的速度,很可能是重复造轮子。同时,鉴于目前以GPT为代表的基础模型迭代很快,性能提升明显,届时,我们的技能和行业模型还面临技术过时(行业和技能模型还不如基础模型)的风险。

2)夯实基础模型,面临高质量数据与算法创新挑战

既然我们理解了基础模型基石的技术逻辑和作用,那么夯实基础模型自然是重中之重。但对于国内来说,夯实基础大模型面临不小的新挑战。

首先是缺少多样化、高质量的训练数据。

以GPT为例,在数据多样化方面,GPT-1使用的训练语料以书籍为主,如BookCorpus等;GPT-2则使用了如Reddit links等新闻类数据,文本规范质量高,同时又包含了部分人们日常交流的社交数据;进入GPT-3,模型的数据规模数十倍增长,Reddit links、Common Crawl、WebText2等数据集的加入,大大提高了数据的多样性;GPT-4阶段更引入了GitHub代码、对话数据及一些数学应用题,甚至增加了多模态数据。

在数据质量方面,以GPT-3模型为例,其训练需要的语料75%是英文,3%是中文,还有一些西班牙文、法文、德文等语料集,这些学习语料可通过公开数据(如维基百科、百度百科、微博、知乎等)、开源数据集、网页爬取(训练GPT-3爬取了31亿个网页,约3 000亿词)、私有数据集(如OpenAI的WebText数据集,收集了Reddit平台上的800万篇高赞文章,约150亿词)等方式获取。这些语料中,英文语料公开数据更多、质量更高。

需要说明的是,尽管上述数据已是高质量的数据,但其中来源于维基百科、书籍及学术期刊等的高质量数据也仅占其数据集的17.8%,而这些数据在模型训练中的权重却占到了40%,数据质量精益求精和重要性可见一斑。

对此,有业内人士分析认为,当高质量数据量到达一定临界值时,会无限拉近不同算法带来的准确率差距,某种程度上会决定模型训练的质量,不仅让训练变得更加高效,同时可以大幅削减训练成本。

相比之下,中文开源高质量数据少,特别是构建基础大模型的百科类、问答类、图书文献、学术论文、报纸杂志等高质量中文内容。同时,国内专业数据服务还处于起步阶段,可用

于人工智能模型训练的经过加工、清洗、标注的高质量数据集相对匮乏。

由此可见,缺少高质量、多样化的训练数据已成为国内基础模型训练的核心痛点之一,也是面临的最大挑战。

除了高质量的数据,综观当前国内的大模型,大都基于Transformer架构,技术原理业内都相当清楚,但为什么ChatGPT比其他大模型表现得更好? 首先,其基于Transformer的先进模型架构,使得ChatGPT在处理自然语言任务时,能有效捕捉长距离依赖关系,生成更流畅、更自然的文本。其次,通过大规模预训练,ChatGPT学习了丰富的语言知识和上下文信息,具备了更强的泛化能力。此外,ChatGPT提供了自然流畅的对话体验,能模拟人类语言风格和思维逻辑,增强了用户与机器人的互动性。ChatGPT广泛应用于多个领域,如客服、新闻摘要、内容推荐等,展现了其强大的应用价值。

这里以Transformer架构为例,目前学术界大部分的工作都是围绕如何提升Transformer的效率展开,硬件结构也都是围绕如何优化Transformer的方式而设计,虽然其为业内带来了创新突破,但仍然存在某些局限性。例如,某些长序列的处理算法对序列中的顺序信息的处理,在实际应用中会增加算力消耗和成本,而这为改进注意力机制、进行剪枝和量化等当前未曾突破的瓶颈与值得创新的发展方向提出了挑战,即若想从架构上对Transformer进行创新,需要的是勇气与探索能力。

3)对症下药,开源、开放的源2.0带来了什么?

俗话说:挑战与机遇并存,而将挑战化为机遇的方法就是对症下药。在这方面,浪潮信息日前发布的源2.0基础大模型颇值得我们探究。

例如,在应对我们前述的缺少多样化、高质量的训练数据挑战方面,源2.0的数据来源包含三个部分,分别是业界的开源数据、从互联网上清洗的数据和模型合成的数据。浪潮信息的模型团队不仅对2018—2023年的互联网数据进行了清洗,从总量12PB左右的数据中仅获取到约10 GB的中文数学数据,而为进一步弥补高质量数据集的匮乏,还基于大模型构建了一批多样性的高质量数据,为此,浪潮信息提出了基于主题词或Q & A问答对自动生成编程题目和答案的数据集生成流程,大幅提高了数据集问题的多样性。同时,辅以基于单元测试的数据清洗方法,让高质量数据集的获取更加高效,进一步提高训练效率。

具体来说,在构建高质量的数学和代码数据时,团队会随机选取一批种子数据,然后对其进行扩充,让大模型生成一批合适的问题,再把它们送到模型里,从而产生合适的答案。并将其补充到训练数据集当中。

不仅如此,即便是基于大模型构建的高质量数据,浪潮信息也会通过额外构建的数据清洗流程,力求将更高质量的社群、代码数据应用到模型的预训练过程中。可见源2.0对于数据的质量是精益求精。而未来,浪潮信息的模型团队还会利用自己的模型生成更高质量的数据,形成数据循环,持续迭代并提升大模型的能力。

同样在应对算法挑战方面,源2.0也进行了重大创新,在上述的Transformer结构中完全替换了自注意力层,创新性地提出新型Attention结构,即局部注意力过滤增强机制(localized filtering-based attention，AEA），通过先强化相邻词之间的关联性，再计算全局关联性的方法，模型能够更好地处理自然语言的语序排列问题，对于中文语境的关联语义理解更准确、更人性，提升了模型的自然语言表达能力，进而提升了模型精度。

而消融实验的结果显示，相比传统注意力结构，LFA模型精度提高了3.53%；在最终的模型训练上，基于LFA算法的源2.0-102B模型，训练288B token的train loss（训练损失）为1.18，相比之下，源1.0-245B模型训练180B token的train loss为1.64。也就是说，从源1.0到源2.0，train loss降低了约28%。

除上述内容之外，在算力上，源2.0采用了非均匀流水并行的方法，综合运用"流水线并行+优化器参数并行+数据并行"的策略，让模型在流水并行各阶段的显存占用量分布更均衡，避免出现显存瓶颈导致的训练效率降低的问题，该方法显著降低了大模型对芯片间P2P带宽的需求，为硬件差异较大训练环境提供了一种高性能的训练方法。

值得一提的是，从当前大模型算力建设、模型开发和应用落地的实际需求出发，浪潮信息还开发出了全栈全流程的智算软件栈OGAI，以提供完善的工程化、自动化工具软件堆栈，帮助更多企业顺利跨越大模型研发应用门槛，充分释放大模型创新生产力。

所谓"众人拾柴火焰高"，这很好地诠释了开源、开放的理念。

具体到基础大模型，不可否认的事实是，当前中国做大模型的公司与OpenAI仍存在较大差距，而开源能够释放整个社区的智慧，一起进行生态和能力的建设，这也是我们除了上述数据和算法的创新，尽快追赶国外领先公司基础大模型的可行路径。

以浪潮信息近期公布的源大模型共训计划为例，其针对开发者自己的应用或场景需求，通过自研数据平台生成训练数据并对源大模型进行增强训练，训练后的模型依然在社区开源。开发者只需提出需求，说清楚具体的应用场景、对大模型的能力需求以及1～2条示例，由源团队来进行数据准备、模型训练并开源。

由此可见，这种共享底层数据、算法和代码的共训计划，有利于打破大模型孤岛，促进模型之间协作和更新迭代，并推动AI开发变得更加灵活和高效。同时，开源开放有利于推进"技术+行业"的闭环，以更丰富的高质量行业数据反哺模型，避免数据分布偏移可能造成的基础大模型性能下降，打造更强的技术产品，加速商业化进程。

单元练习

一、填空

大型机器学习模型，通常被称为"_____"，是通过复杂的_____和大量的_____来处理数据的。它们大多基于_____构建，可以处理更加复杂的任务和数据集。

二、讨论

1.讨论大模型在不同领域中的应用潜力(如医疗、金融、教育等),并举例分析某一领域内大模型可能带来的改变。

2.讨论大模型在跨领域知识融合中的优势及应用前景。举例说明跨领域知识融合如何优化大模型及其行业应用的可能性。

三、实战

选择一个常见的对话系统应用场景(如客户服务),设计一组有效的提示词来优化系统的回答准确度。要求:记录提示词的设计思路及优化效果对比,并提出改进意见。

第5章　大语言模型与日常应用

学习目标

一、知识目标

1.了解大语言模型基本概念、定义,理解大语言模型相较于传统语言模型的优势和差异。

2.掌握大语言模型基本原理,包括其训练过程、模型架构和算法特点。

3.熟悉大语言模型在不同领域中的具体应用案例和效果。

4.了解大语言模型在解决实际问题中的具体应用步骤和效果评估。

5.掌握如何分解复杂任务、添加相关语境、给出明确的指令等与大语言模型有效交互的方法和技巧。

二、能力目标

1.能独立分析大语言模型在不同领域的应用案例,评估其效果和局限性。

2.针对具体问题,能设计并优化大语言模型应用方案,确保其有效性和效率。

3.熟练掌握大语言模型的基本操作,能生成高质量的文本内容,解答复杂的知识问题。

4.具备实验和验证大语言模型效果的能力,能设计实验,验证大语言模型在不同任务中的表现,并根据实验结果进行调整和优化。

5.能关注并理解新兴大语言模型的发展趋势,保持对新技术和新应用的敏锐度,及时了解和掌握大语言模型领域的最新进展。

三、素质目标

1.具备技术探索与创新精神,积极探索大语言模型的新应用和新领域,不断推动技术的创新和发展。

2.具备跨学科融合思维,以及将大语言模型与其他学科(如心理学、医学等)相结合的基础能力,推动跨学科的研究和应用。

3.具备问题解决与决策的能力,在面对复杂问题时,能灵活运用大语言模型等工具,提出有效的解决方案和决策建议。

4.具备社会责任与伦理意识,在使用大语言模型时,注重社会责任和伦理规范,确保技术的应用符合社会公共利益和道德标准。

情景引入

AI大模型的经典案例

小李是一位年轻的白领,生活在科技高度发达的大城市。作为一名市场营销经理,他每天都面临着大量的信息处理和决策任务。为了提高工作效率,节省时间,他开始使用一款AI大模型助手。这款助手不仅能够理解自然语言,还能在各种场景下提供智能支持,极大地改变了小李的生活方式和工作方式。

每天早上,小李打开手机上的AI助手,开始规划一天的日程。通过向AI助手发送语音指令,他可以快速了解到当天的会议安排和任务优先级。AI助手不仅会提醒他重要的会议,还会根据以往的习惯和优先级,为他建议最有效的时间管理方案。例如,某个会议需要提前准备材料,AI助手会在前一天甚至更早的时间点提醒小李准备相关资料,避免临时抱佛脚的尴尬。

在工作过程中,小李时常需要撰写市场分析报告和各类文案。每当他遇到创意枯竭或文案压力时,AI助手就成了他的左膀右臂。小李只需输入一些关键词或大致的想法,AI助手便会迅速生成几段不同风格的文案供他选择和修改。即便是在需要创建详细的市场分析报告时,AI助手也能够帮助他快速搜集数据,提供有深度的分析建议,从而让小李的报告更加专业和精确。

除此之外,AI助手在处理大量邮件和信息时也展现了它的独特优势。当小李的邮箱中堆积如山的新邮件令他头疼时,AI助手会自动筛选出重要的邮件,并根据内容提供简洁明了的回复建议。对于一些常见问题,它甚至可以直接代替小李进行回复,这样小李可以把精力集中在更重要的工作上。而且,AI助手还能及时发现和过滤垃圾邮件,避免小李把时间浪费在无意义的信息上。

在团队项目协作中,AI助手同样发挥了重要作用。它可以帮助小李管理项目进展,自动生成甘特图和进度报告,并随时提醒团队成员完成各自的任务。当团队需要头脑风暴时,AI助手能根据关键词生成多种创意和方案,激发团队的灵感。此外,AI助手还可以实时翻译外文资料,帮助小李与国际客户进行顺畅的沟通,拓展业务的全球化视野。

在生活方面,AI助手也是小李的得力助手。当小李忙于工作时,它会自动监控天气、交通情况,并根据实时动态给出最佳的出行路线。同时,AI助手还能根据小李的健康数据,提供个性化的锻炼建议和饮食计划,帮助他保持健康的生活方式。

小李是一个爱读书的人,但忙碌的工作常常让他没有时间阅读厚重的书籍。AI助手可以快速从网上找到书籍的精华内容和读书笔记,帮他在短时间内获取大量有用的信息。此外，AI助手还能推荐他感兴趣的书籍和最新的行业资讯，让小李在工作和生活之间找到平衡。

晚上回到家里，小李有时会用AI助手来调节家中的智能设备。通过简单的语音指令，AI助手可以控制灯光、空调、音响甚至安防设备，营造出舒适的居家环境。假期时，AI助手可以根据小李的兴趣和预算，推荐旅游路线和预订酒店，全程做小李的旅行顾问。

AI大模型助手已经深度融入了小李的日常生活和工作中，从计划日程、撰写文案、处理邮件、项目管理到生活健康、阅读推荐和智能家居，都能见到它的身影。通过这种全方位的支持和服务，AI助手不仅提升了小李的工作效率，也增添了生活的品质。可以预见，在未来，AI助手将继续发展和完善，实现更智能、更高效的生活方式。

学习任务

5.1　大语言模型能做什么

大语言模型（large language model，LLM）是一种基于深度学习的自然语言处理模型，其目标是生成符合语法和语义规则的自然语言文本。大语言模型通常由深度神经网络构建，能够从大规模的文本数据中学习语言的概率分布，并生成与输入相关的文本。

大语言模型的出现对于自然语言处理领域具有重要意义。它不仅可以用于机器翻译、文本摘要、对话生成等任务，还可以用于生成自然语言对话系统、智能写作助手等领域。本节将详细介绍大语言模型的基本原理。

5.1.1　语言模型

在介绍大语言模型之前，我们先来了解语言模型（language model）。语言模型是自然语言处理领域中的一个基础概念，它用于估计一个句子或文本序列的概率。给定一个句子或文本序列，语言模型试图计算出该句子在语言中出现的概率。例如，对于句子"我爱中国"，语言模型可以计算出该句子在汉语中出现的概率。语言模型通常使用条件概率来表示，即给定前面的若干个词语，预测下一个词语出现的概率。语言模型可以有多种应用，如机器翻译、语音识别、文本生成等。在这些应用中，语言模型可以根据上下文生成符合语法和语义规则的文本。

5.1.2 大语言模型的基本原理

大语言模型是在传统语言模型的基础上发展而来的,它使用了深度神经网络来建模语言的概率分布。下面将详细介绍大语言模型的基本原理。

1)数据预处理

大语言模型的训练数据通常是大规模的文本语料库,如维基百科、新闻文章等。在训练之前,需要对原始文本数据进行预处理。首先,将文本数据分割成句子或文本序列。然后,对每个句子进行分词或分字处理,将句子拆分为一个个词语或字符。分词的目的是将句子划分为最小的语义单位,方便后续建模。接下来,将分词后的句子转换为数值表示。通常使用词嵌入(word embedding)技术将每个词语映射为一个向量,以便于神经网络的处理。最后,将处理后的句子组织成批量地输入数据。每个批次包含多个句子,可以提高训练效率。

2)模型架构

大语言模型通常使用循环神经网络(recurrent neural network,RNN)作为基本的模型架构。RNN是一种能够处理序列数据的神经网络,它可以通过记忆之前的状态来影响当前的输出。具体来说,大语言模型使用了一种特殊的RNN结构,称为循环神经网络语言模型(recurrent neural network language model,RNNLM)。RNNLM的基本思想是,通过引入一个隐藏状态来记忆之前的词语信息,并在生成下一个词语时利用这个隐藏状态。

RNNLM的模型架构包含以下几个部分:

①输入层:将处理后的句子转换为数值表示,并作为RNN的输入。

②RNN层:包含一个或多个RNN单元,用于记忆之前的词语信息。

③输出层:根据当前的隐藏状态,生成下一个词语的概率分布。

3)训练过程

大语言模型的训练过程可以分为两个阶段:前向传播阶段和反向传播阶段。在前向传播阶段,模型根据当前的输入词语和隐藏状态,生成下一个词语的概率分布。然后,根据生成的概率分布和实际的下一个词语,计算损失函数。损失函数通常使用交叉熵损失来度量生成文本的质量。在反向传播阶段,模型根据损失函数的梯度信息,更新模型的参数。这一过程使用梯度下降算法,通过不断调整模型的参数,使模型生成的文本更加接近实际文本。训练过程通常需要多个周期(epoch)来完成,每个周期包含多个批次的训练数据。在每个周期结束时,可以评估模型在验证集上的性能,以便及时调整模型的超参数。

4)文本生成

训练完成后,大语言模型可以用于生成文本。文本生成的过程通常是通过不断采样下一个词语来实现的。首先,给定一个初始的词语或句子作为输入,模型根据当前的输入和隐藏状态,生成下一个词语的概率分布。然后,根据概率分布随机采样一个词语作为下一个输入。不断重复这个过程,直到达到预定的生成长度或生成结束符号。在文本生成过程中,可以通过调整温度参数来控制生成文本的多样性。较高的温度会增加采样的随机性,生成更多的不确定性文本;较低的温度会减少采样的随机性,生成更加具有确定性的文本。

大语言模型是一种基于深度学习的自然语言处理模型,可以生成符合语法和语义规则的自然语言文本。它通过循环神经网络语言模型的架构,从大规模的文本数据中学习语言的概率分布,并利用这个概率分布生成文本。

大语言模型的基本原理包括数据预处理、模型架构、训练过程和文本生成。在训练过程中,模型通过前向传播和反向传播来更新参数,使生成的文本更加接近实际文本。在文本生成过程中,可以通过调整温度参数来控制生成文本的多样性。

大语言模型的出现为自然语言处理领域带来了重要的进展,为机器翻译、对话生成等任务提供了强大的工具。随着模型规模的不断扩大和训练技术的不断改进,大语言模型的性能和应用前景将会进一步提升。

5.2　如何用大语言模型解决实际问题

随着人工智能技术的飞速发展,大语言模型作为自然语言处理(NLP)领域的重要技术,已经逐渐展现出强大的能力。大语言模型不仅能够在语言理解和生成方面达到前所未有的水平,还能为许多实际问题提供有效的解决方案。本节将探讨如何利用大语言模型来解决实际问题。

5.2.1　大语言模型的基本概念和特点

大语言模型是一种基于深度学习的模型,它通过对海量文本数据进行学习,能够捕获语言的复杂规律和结构。这种模型通常包含数以亿计的参数,并且能够在各种 NLP 任务中取得优异的性能。大语言模型的特点主要包括以下几点:①海量数据驱动。大语言模型需要庞大的数据集进行训练,以确保其能够学习到语言的丰富性和多样性。②强大的表达能力。通过深度学习技术,大语言模型能够生成流畅、自然的语言文本,具有强大的表达能力。③跨任务能力。大语言模型通常可以在不同的 NLP 任务中取得良好的性能。

5.2.2　大语言模型在解决实际问题中的应用

1)智能客服

智能客服是大语言模型在实际应用中的一个典型场景。利用大语言模型,企业可以构建能与用户进行自然交互的智能客服系统。这种系统不仅能回答用户的常见问题,还能根据用户的具体需求提供个性化的解决方案。

（1）大语言模型在智能客服中的应用

①意图识别。大语言模型能够准确捕捉用户输入背后的语义内涵，实现意图识别。这有助于智能客服系统更准确地理解用户需求，从而提供更合适的解决方案。②问答系统。基于大语言模型的智能客服系统可以构建知识库，并根据用户提问从知识库中检索相关信息进行回答。这种问答系统不仅响应速度快，而且能够应对各种复杂和多变的问题。③情感分析。大语言模型还可以对用户的情感进行分析，帮助智能客服系统更好地理解用户的情感状态，从而提供更加贴心、人性化的服务。

（2）智能客服系统的构建与优化

要构建基于大语言模型的智能客服系统，需要关注以下几个关键方面：①数据收集与标注。收集大量与客服相关的文本数据，并进行标注和预处理，以用于训练大语言模型。②模型选择与训练。根据实际需求选择合适的大语言模型，并使用标注数据进行训练。在训练过程中，可以采用迁移学习等技术来加速模型训练并提高性能。③系统集成与部署。将训练好的大语言模型集成到智能客服系统中，并进行系统测试和部署。在部署过程中，需要关注系统的稳定性和安全性。④持续优化与更新。随着用户需求的不断变化，需要持续优化和更新智能客服系统。这包括更新知识库、调整模型参数、改进算法等。

2）文本摘要

在处理大量文本数据时，如何快速准确地提取关键信息是一个重要的问题。大语言模型可以用于生成文本的自动摘要，帮助用户快速了解文本的主要内容。例如，在新闻报道、科技文献等领域，大语言模型可以自动提取关键信息并生成简洁明了的摘要。

在新闻报道领域，大语言模型的应用尤为广泛。新闻报道通常包含大量的信息，包括时间、地点、人物、事件等要素。大语言模型可以自动识别这些要素，并根据它们的重要性和相关性进行排序和筛选。通过训练和优化，大语言模型可以学会捕捉新闻中的核心内容，并生成准确、简洁的摘要。这不仅可以帮助读者快速了解新闻的主要内容，还可以提高新闻的传播效率和阅读体验。

在科技文献领域，大语言模型同样发挥着重要作用。科技文献通常包含复杂的专业知识和技术细节，对于非专业人士来说，阅读和理解这些文献具有很大的难度。大语言模型可以通过对文献的自动分析，提取出其中的关键概念和理论，并用简洁明了的语言进行解释和说明。同时，模型还可以根据文献的主题和关键词，自动生成相应的摘要和总结，为读者提供快速了解文献内容的有效途径。

除了上述应用，大语言模型还可以与其他技术相结合，实现更加复杂和高效的信息处理任务。例如，可以与图像处理技术相结合，实现对视频新闻和科技演示视频的自动分析和摘要生成；还可以与搜索引擎技术相结合，实现更加精准的文本搜索和推荐。

当然，大语言模型在关键信息提取和摘要生成方面也存在一些挑战和限制。例如，模型对文本的理解和解释能力仍然有限，有时会出现误解或遗漏关键信息的情况；此外，模型在处理不同领域和类型的文本时,可能需要进行针对性的训练和优化。

3)内容创作

大语言模型在内容创作领域也具有广泛的应用。无论是新闻报道、广告文案还是小说创作,大语言模型都能够根据用户的需求生成高质量的文本内容。这种能力不仅可以减轻人工创作的负担,还可以提高内容创作的效率和质量。下面我们以"新闻报道"为例进行分析。

（1）自动新闻摘要生成

在新闻报道中,新闻摘要作为快速传递新闻要点的重要形式,对于吸引读者注意力、提高传播效果至关重要。然而,手动编写新闻摘要不仅需要大量的时间和精力,还容易受到编辑主观因素的影响。大语言模型通过深度学习技术,能够自动分析新闻内容,快速生成准确、简洁的新闻摘要。例如,某些新闻机构已经利用大语言模型开发了自动新闻摘要生成系统,该系统实时抓取新闻源,自动分析并生成新闻摘要,大大提高了新闻传播的效率和准确性。

（2）智能新闻推荐

在信息发展的时代,如何快速筛选出读者感兴趣的新闻内容成为一个难题。大语言模型通过分析用户的阅读历史和兴趣爱好,能够实现对用户需求的精准把握,并为用户推荐个性化的新闻内容。这不仅提高了用户满意度和黏性,也促进了新闻内容的个性化传播。目前,已有一些新闻 App 采用了基于大语言模型的智能新闻推荐系统,取得了良好的市场反响。

（3）实时新闻翻译

在全球化的背景下,新闻报道的国际化传播变得越来越重要。然而,由于语言障碍的存在,很多优秀的新闻报道无法被全球读者所了解。大语言模型以其强大的多语言处理能力,为新闻报道的国际化传播提供了有力支持。通过大语言模型,新闻机构可以实现对不同语言新闻报道的实时翻译和发布,让全球读者都能够及时了解到世界各地的新闻动态。

（4）交互式新闻报道

传统的新闻报道往往以文字、图片和视频为主要形式,缺乏与读者的互动和沟通。大语言模型的应用为新闻报道带来了新的可能性。通过大语言模型,新闻机构可以开发出具有交互性的新闻报道形式,如聊天机器人、智能问答等。这些形式不仅能够增强读者对新闻内容的参与感和沉浸感,还能够通过用户的反馈不断优化新闻报道的内容和形式。

4)知识问答

知识问答是大语言模型在知识管理领域的一个重要应用。通过训练大语言模型来学习特定的知识库或数据集,可以构建出能够回答各种问题的智能问答系统。这种系统不仅可以用于企业内部的知识管理,还可以用于在线教育、图书馆等领域,为用户提供便捷的知识获取途径。以下作详细分析。

(1)大语言模型与知识问答

大语言模型,是基于深度学习技术构建的具有庞大语料库的语言模型。它能够通过学习大量的文本数据,理解语言的语法、语义和上下文关系,从而实现对文本的理解、生成和处理。在知识问答领域,大语言模型发挥着重要作用。它可以根据用户的查询问题,快速检索相关信息,并给出准确、详尽的答案。

(2)大语言模型在知识问答中的优势

①深度理解能力。大语言模型通过训练大规模的神经网络,能够学习到更加准确和丰富的语言规律。这使它在理解用户查询问题时,能够更深入地挖掘查询的意图和上下文关系,从而提供更准确的答案。②广泛的知识覆盖。大语言模型在训练过程中,通常会使用海量的文本数据。这些数据涵盖了各个领域的知识,使大语言模型在知识问答领域具有广泛的知识覆盖能力。无论用户查询的是哪个领域的知识,大语言模型都能快速给出答案。③灵活的生成能力。大语言模型不仅能够理解文本,还能生成符合语法和语义的文本。这使得它在回答用户的问题时,能够根据不同的情境和需求,生成个性化的答案。例如,在回答"如何学习英语"这一问题时,大语言模型可以根据用户的水平和需求,提供从入门到精通的详细学习方案。

5.2.3 大语言模型在知识问答中的应用场景

1)搜索引擎

搜索引擎是知识问答的重要应用之一。大语言模型可以作为搜索引擎的后端支持,对用户的查询问题进行深度理解和分析,返回更加精准、相关的搜索结果。同时,大语言模型还可以根据用户的查询意图,生成详细的解释和说明,提高用户的搜索体验。

2)智能助手

智能助手是近年来兴起的智能应用之一。大语言模型可以作为智能助手的核心技术,为用户提供各种知识问答服务。例如,智能助手可以帮助用户查询天气、新闻、股票等信息,还可以提供日程管理、提醒等功能。

3)教育领域

在教育领域,大语言模型也可以发挥重要作用。例如,它可以帮助学生解答各种学科问题,提供详细的解释和示例。同时,大语言模型还可以根据学生的学习情况,生成个性化的学习计划和资源推荐,提高学习效果。

📖 **知识小窗**

使用大语言模型解决实际问题的注意事项

1)数据质量和数量

大语言模型的性能高度依赖训练数据的质量和数量。因此,在使用大语言模型解决实

际问题时,需要确保训练数据的准确性和多样性。

2)模型选择和调整

不同的实际问题可能需要不同类型的大语言模型或不同的模型参数设置。因此,在选择和调整模型时需要根据具体问题进行综合考虑。

3)伦理和法律问题

在使用大语言模型解决实际问题时,需要关注相关的伦理和法律问题。例如,需要确保模型的使用不会侵犯用户的隐私或版权等合法权益。

5.3 大语言模型的生活实例——市民热线事件分拨

5.3.1 背景

某市市民服务热线系统每月需要处理9万余起各类咨询、投诉事件。这些事件由坐席人员统一登记、分拨及跟进。坐席人员需要及时根据登记的内容,将事件分派到对应的组织部门进行后续处置。

5.3.2 挑战

该事件共有16种一级分类、100多种二级分类和接近600种三级分类。对该事件准确分类十分不易,非常依赖坐席人员的经验和技能。即使经过严格培训的坐席人员也难以保证第一时间准确地将该事件准确识别并分拨。过去首次分类准确性不足70%。错分事件需要退回重分,进而导致事件处置延迟,影响市民满意度。手工分拨的方式在事件高峰时也会造成积压。采用先进技术,提升事件的分拨处理准确性及效率,降低对人工的依赖性对于提升运营效率有极大的价值。

5.3.3 方案

该市也曾经尝试采用传统NLP技术对事件进行分类,但效果不佳。预训练大语言模型(LLM)的出现为问题的解决提供了新的路径。理论上利用LLM自身强大的NLP能力,再根据历史数据进行微调,能够根据登记的文本描述对事件进行准确分类。同时,可以利用大型语言模型实现精确的语义检索,为坐席人员提供更精确的知识库访问支持;大型语言模型还能够提升态势感知的能力,为领导对当前社会运行总体状况提供更精确的判识支持。

本项目利用热线系统的历史数据,采用LoRA技术对清华大学开源的ChatGLM-6B模型进行微调,使其能够适应热线系统的分类任务。在技术验证中将首次分类准确性提高了

20%以上,同时事件分拨速度从过去数十分钟提高到了一分钟以内,极大提高了事件处置的效率。

5.3.4 数据探索

从热线系统中提取了一定数量的原始历史数据。数据格式如表5-1所示。

表5-1　数据格式

编号	标题	内容	类型	归口
××202303060026	关于异地就医的问题	1.问题描述:服务对象反映家里老人缴纳××市××县的医保,现在××市就医,想要咨询如何办理异地就医。 2.诉求目的:服务对象咨询如何办理异地就医	咨询	民生保障、社会保障、城乡居民医疗保险
××202303060027	关于××市××小区房屋的问题	1.问题描述:服务对象反映2020年12月购买××小区房屋,至今已经三年一直未交房,2022年9月至今的违约金未支付。 2.诉求目的:服务对象希望相关部门尽快交房及支付违约金	求助	住房保障、房屋建设、交房验收
××202303060028	关于解决房屋质量的问题	1.问题描述:服务对象反映××小区××栋××层出现混凝土爆灰(点)的质量问题,严重影响正常居住使用,开发商敷衍、推诿、拖延解决。 2.诉求目的:服务对象希望相关部门尽快维修,并协调解决房屋质量问题	求助	住房保障、住房安全

据此任务被定义为根据"标题"和"内容"字段的文本,分类输出"类型"和"归口"。

5.3.5 数据准备

在数据准备阶段,需要对数据进行如下预处理:保证安全合规以及训练的质量;数据脱敏,将数据中与个人信息(电话、身份证等)相关的信息进行脱敏,防止个人信息泄露;数据清洗,去除一些不合格的数据,去除数据中不相关的字符;数据分布调整,数据分类项分布并不均匀,需要对数量较少的分类进行数据增强,如改写、调整顺序、两次翻译等方式;增加噪声,为了系统可扩展性和训练的稳定性,增加一些不相关的文本,归类为"未分类",这样即使将来有新的分类出现,也可以将其归类到"未分类"中。

格式化,将数据转换为可以用于LLM训练的格式(图5-1)。

```
{
    {
        "instruction": "#12345热线分类",
        "input": "1.问题描述:服务对象前期反映关于拆迁安置房的问题。服务对象表示已经过去两个月，问题依旧
没有得到处理，其他人在别的小区的拆迁安置房都已经装潢入住了，自己的还没有交付，服务对象不认可。2.诉
求目的：服务对象希望相关部门解决拆迁安置房交付的问题",
        "output": "#拆迁安置　$咨询"
    },
    {
        "instruction": "#12345热线分类"
        "input":"1.问题描述：服务对象表示××小区×号楼4单元门口化粪池堵塞，建议及时疏通。2.诉求目的：服
务对象希望相关部门协助能够及时疏通化粪池"
        "output": "#下水道堵塞　$求助"
    }
}
```

图5-1　数据准备

5.3.6　微调训练

训练环境为单卡模式，使用LoRA微调，主要参数为Lora_rank：16，learning_rate：1e-4，fp16精度。每个迭代训练时长为8～12小时。

5.3.7　测试

将微调后的LoRA权重与基础模型（Checkpoint）一并加载，并在对话界面上利用测试数据集对事件进行测试，可以看到事件能够得到准确分类（图5-2）。

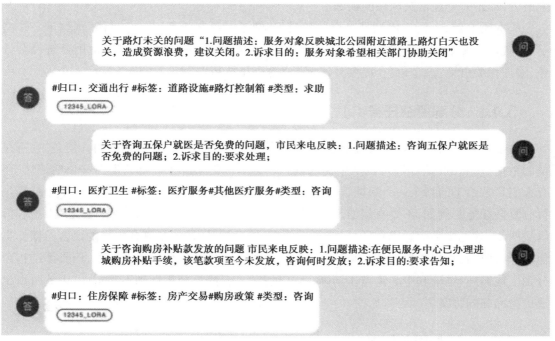

图5-2　数据测试

实际部署中通过API的方式进行调用、测试分析。

5.3.8　成果

微调后的模型对事件首次分拨准确率相比之前手工方式大幅提高,极大降低了对坐席人工的依赖性,提高了运营效率。验证了预训练大模型只需使用低资源进行微调,即可良好适应下游任务。后续将对项目继续进行优化,使其能够适应精确语义检索、势态感知等任务。

5.3.9　启示

由于LLM具有开箱即用的NLP能力,经过微调可以广泛应用于各种NLP任务中,如客户评价分析、情感识别、数据标签、格式化文本生成等。

5.4　学会使用大语言模型

用大语言模型,还需要技巧吗? 在人们的印象中,这个操作极其简单:只需输入一个问题,立刻就能得到回答。但实际上,如何有效地与这些人工智能模型互动,发挥出它们的最大潜力,却是一个经常被忽视的话题。

从本质上看,大语言模型是一个数学模型,缺乏对语义的理解。它只能"预测下一个文字"出现的概率,而不能生成"真理"。因此,专家建议在输入指令时,可以使用分解复杂任务、添加相关语境、设定角色、提供具体例子等8个小技巧。

5.4.1　分解复杂任务

由于缺乏对语义的理解,因此想要大语言模型自己"举一反三"是很难的。但是,它有海量的数据、珍贵的"记忆",可以从中提取信息。这套记忆来源于训练数据——长期记忆,还有人们日常给予的指令——短期记忆。因此,用好大语言模型,专家给出的第一个小技巧是拆分复杂任务。例如,不要直接给出"将文本翻译成中文"这样宽泛的指令,可以考虑把它拆解成两步:首先按字面意思翻译,保持含义不变;然后意译,让文本符合中文的语言习惯。类似地,与其让它直接写出一篇1 000字的论文,不如尝试把任务分解成子任务,用具体的指令分别生成概述、结论和中心论点。清晰、逐步的指令,会降低模糊性和不确定性,因此可以生成更为准确的答案。

5.4.2　添加相关语境

大语言模型比人类的"短期记忆"多太多了。因此,要让它提供精准且符合问题语境的回复,在输入时提供相关的语境很重要。这是第二个小技巧。一个限定语境的问题应当包含具体内容,将问题放在具体的细节中,这样才能引导大语言模型产生更为准确、相关的理解力,生成更有洞察力、更精细的回复。例如,让大语言模型起草一份求职简历,事先要把企业发布的具体职位需求、个人基本情况等内容一并提供给它,如此一来,输出的简历则更具针对性。

5.4.3　给出明确的指令

当你走进一间咖啡馆,想要点一杯喜欢的饮料时,你应该不会说:"请来杯咖啡。"而是会说:"来杯摩卡或者拿铁。"同样地,你也不要期待大语言模型能读懂你的心。要想降低模型预测时的不确定性,就要给出明确的指令。这是第三个小技巧。例如,你让大语言模型修改文章,不要说"润色这篇文章",而要具体到修改成什么风格、文章的目标受众是谁……一段更具体的指令甚至可以是"像一个顶级期刊的顶级编辑那样,润色这篇文章,让它更为清晰流畅"。

5.4.4　提供多种选项

大语言模型还拥有巨大的"长期记忆"、超强的生产能力。你可以让它提供多种版本的选项,而不仅仅是一个版本内容。很多时候,人们潜意识里认为,大语言模型给出的就是最优答案。但就文本写作而言,它并不是一个简单量化的东西,它具备很多主观色彩。因此很难判断大语言模型第一次给出的就是最优答案。此时,可以让大语言模型提供多种选项,再鉴赏出符合个人需求的答案。这是第四个小技巧。此外,除了要求大语言模型提供多种选项外,还可以考虑重复使用同样的指令生成多次回复。

5.4.5　设定角色

大语言模型特有的"长期记忆"还意味着它能够模拟各种角色,提供专业的反馈或者独特的视角解读。例如:模仿典型读者,提供写作上的反馈;扮演一名写作教练,帮助修订文稿;甚至可以扮演一只擅长人类生理学的西藏牦牛,以其独特的视角解释高海拔对心肺功能的影响。这是第五个小技巧。让大语言模型扮演不同角色,不仅能获得更多有针对性和符合语境的回复,而且在这个过程中,还能获得更多乐趣。

5.4.6　提供具体例子

大语言模型擅长小样本学习。一个特别有效的手段就是使用具体的例子来丰富想法。就像你去理发店,对理发师描述想要的发型,最好的方法是拿一张照片,胜过千言万语。这是第六个小技巧。例如,不要模糊地说"以这些数据制图",而是提供一个例子,如"为这些数据画个条形图,类似附件论文中的图"。再如,当你让大语言模型根据文稿生成摘要时,可以提供几个你打算投稿的期刊中的摘要样例。语言模型可以参考这些例子来生成符合期刊风格的摘要。这些具体的例子就像路线图一样,指导大语言模型朝着与你期望一致的方向生成内容。

5.4.7　声明需要的输出格式

大语言模型经常"废话太多"。例如,让它修改一篇文章,它可能会把修改的细节一并反馈,但其实你只需要最后的成稿。此时,可以要求大语言模型仅输出修改后的内容。类似地,可以指定回复的格式,包括列表格式、阅读水平和语气等。用列表格式和通俗的语气能够提升回复的可读性,限制回复的长度可以使内容更加简洁,设定阅读水平则有助于更好地理解。这是第七个小技巧。例如,与其让其"总结关键发现",不如声明回复格式:"用列表形式总结关键发现,并使用高中生能够理解的语言"。

5.4.8　实验

需要指出的是,如何使指令更有效,并没有确切的答案。有时,稍微调整一下,可能就会产生显著甚至意外的惊喜。实验是最好的办法。这也是第八个小技巧。例如,在一系列推理问题中,在指令中简单加入"一步一步思考"就可以让大语言模型表现得更好。更有意思的是,大语言模型还可以回应"情绪性的信息"。假如你要让它修改一篇未经同行审议的论文,可以在指令中加入一些短语:"深呼吸一下,这事对我的职业生涯很重要。"这些例子证明大语言模型对指令非常敏感。但并非所有尝试都会成功,但每次尝试都会有新的收获,并在一定程度上提升工作效率,增加乐趣。

📖 知识小窗

训练大语言模型的步骤

1)数据收集(大量的语料、数据集)

用足够的高质量数据来训练模型,确保数据集的多样性和代表性,以便模型能够学习到广泛的模式和特征。

2)数据预处理

对数据进行预处理和清洗。这可能包括文本分词、标准化、去除噪声、数据平衡等步骤,以确保数据的一致性和质量。

3)构建模型架构

选择适合的模型架构。对于底座大模型,考虑使用 Transformer 的架构,这种架构在自然语言处理任务中表现出色。还可以根据需要对模型进行修改和优化。

4）模型训练（足够的硬件资源）

使用数据集开始训练模型。训练过程涉及将数据输入模型，并通过反向传播算法来调整模型参数以最小化损失函数。训练底座大模型需要大量的计算资源和时间，因此需要确保有足够的硬件资源来支持训练过程。

①4/1 超参数调优。在训练过程中，您需要选择合适的超参数，如学习率、批量大小、层数等。这些参数的选择对模型的性能和收敛速度有很大影响。您可以使用交叉验证或其他调优技术来确定最佳的超参数组合。

②4/2 正则化和防止过拟合。为了提高模型的泛化能力，可以使用正则化技术，如L1或L2正则化、dropout等。这有助于防止模型过拟合训练数据并在新数据上表现不佳。

5）模型评估

使用独立的测试数据集对训练的模型进行评估。计算各种性能指标，如准确率、召回率、F1分数等，以了解模型的表现。根据评估结果，可以进一步优化模型或进行调整。

6）迭代和改进

根据模型评估的结果和反馈，可以进行迭代和改进，调整模型架构、数据预处理步骤或训练策略，以提高模型的性能。

注意：

训练底座大模型是一项复杂的任务，需要丰富的数据和大量的计算资源。对于大规模模型的训练，通常需要使用分布式训练技术和并行计算来加速训练过程。另外，需要注意的是，底座大模型可能会产生大量的参数和计算复杂度，因此在部署和使用时需要仔细考虑硬件和性能方面的要求。

5.5　案例——中国首个孤独症垂直类大语言模型正式发布

2023年2月，从中国科学院合肥创新工程院获悉，该院星元智能人工智能团队发布了国内首个孤独症垂直类大语言模型Starlight。

孤独症是一类先天性的神经发育障碍，患者会出现社会交往障碍、兴趣局限和刻意重复的行为。近年来，研究显示，其患病率逐渐上升，且至今病因不明，症状将伴随终身，孤独症患者的康复程度关乎千万户家庭的生活品质。

对于该团队发布的孤独症垂直类大语言模型，用户可无障碍地向其提问任何有关孤独症谱系障碍的疑问，并得到即时解答。该模型利用临床研究中产生的信息汇总成庞大的数据库，对约2.5T的诊断样本进行深度学习，辅以监督微调、反馈自助、强化学习等前沿技术训练而来。

该模型具备强大的自然语言处理能力和高质量对话生成能力，可以和用户进行非常流畅的自然语言沟通，同时在扩展性、可部署性和数据安全性上都有很高表现。一项由应用行为分析师认证专家进行的研究显示,该模型通过了委员会认证行为分析师笔试。

目前,该模型已经公测,通过一段时间的测试,受到了家长和行业从业者的认可。未来将持续深度赋智患者家长、行业从业者和相关机构科研。

近年来,人工智能技术的不断突破,给孤独症康复难题的攻克带来了更多的可能性。此前,该团队发布了一款基于知识图谱的孤独症家庭干预支持公益平台"星星之心",并基于大量的诊断案例、临床数据、历史文献和专家的临床经验,研发出基于人工智能技术的数智化评估筛查工具产品,为孤独症的早期筛查提供更加便捷和可靠的方法,为医生临床诊断提供辅助信息,以实现早期筛查、早期诊断。

知识延伸

AI幻觉体验种类繁多

我要承认:我并不喜欢"幻觉"这个词。在我听来,它既显得过于委婉,又很容易激发人们的警惕。而且,幻觉包含了很多内容。大语言模型至少可以产生以下4种不同类型的幻觉:

①无意义的。这种可能是问题最小的,因为它们很容易辨别。

②看似合理实则错误的。这些可能是问题最大的,因为它们辨别起来可能相当困难,尤其是像GPT-4这样的大语言模型非常擅长以令人信服的权威口吻呈现信息。

③大语言模型似乎具备了它实际上并不拥有的能力,比如自主意识或情感,或者(如微软的Sydney所述)声称它可以监控用户、订购比萨或执行语言预测软件等操作,而实际上它们根本无法完成。

④故意和具有破坏性的幻觉。例如,用户可能会引导大语言模型生成虚假信息,并打算利用这些信息来误导、混淆或产生其他负面影响。

显然,在这些不同形式的内容中,幻觉一直是新型大语言模型引发争议的主要话题。如今,当大语言模型的幻觉现象令人陌生且时常令人不安时,它们自然会引起大量关注。我认为,这在一定程度上是因为幻觉现象与我们对于高级AI的既定期望相矛盾。我原以为会得到一个无所不知、逻辑极度完备且永远沉着冷静的自动化装置,结果却得到了一个仿佛是我们在Reddit上辩论时会偶尔遇到的、聪明但有时也令人生疑的家伙的模仿者。

然而,我必须指出,这种"幻觉"确实带来了新的潜在风险。一个自信的聊天机器人告诉人们如何启动汽车,可能比一个陈旧且静止的网页提供的相同信息更能激发他们采取行动。因此,人们的担忧并非没有道理。但在我们全面评估大语言模型的利弊时,我想补充以下几点:

①在某些情况下,"足够好的知识"带来的力量可能非常强大。

②在因为GPT-4这样的大语言模型产生的错误太多而决定不再容忍之前,我们应该尝

试了解它们会犯多少错误以及我们在其他来源处已经接受了多少错误。

③在特定情境下，大语言模型生成非事实性信息的能力可能非常有用。（在人类身上，我们称之为"想象力"，这是我们最为珍视的品质之一。）

单元练习

一、填空

1.大语言模型是一种基于_____的自然语言处理模型，其目标是生成_____和_____的自然语言文本。

2.大语言模型的特点主要包括_____、_____和_____。

3.大语言模型特有的"_____"还意味着它能够模拟各种角色，提供专业的反馈或者独特的视角解读。

二、讨论

1.在使用大语言模型过程中，如何分解复杂任务并添加相关语境？请举例说明。

2.中国首个孤独症垂直类大语言模型的发布对社会有何意义？您觉得未来大语言模型还可以在哪些垂直领域发挥作用？

三、实战

1.请挑选一个您熟知的行业（如教育、医疗、零售等），描述如何将大语言模型应用到该行业的问题解决中，提出具体的实现方案。

2.通过查阅相关资料，展示如何微调和训练一个大语言模型，使之适用于特定的应用场景，如线上教育问答系统。

第6章　多模态大模型的新世界

一、知识目标

1.了解多模态技术相关基本术语,能清晰阐述多模态技术定义,理解其在人工智能领域的重要地位。

2.掌握多模态基础模型的演变历程,能梳理多模态技术从起步到发展的主要阶段,理解各阶段的关键技术和突破。

3.了解多模态技术的实际应用和发展方向,能列举多模态技术在不同领域的应用案例,并对其未来发展趋势有初步预测。

4.掌握图像、视频的处理技巧,能理解多模态大模型在图像智能分析与处理、视频理解中的应用原理,掌握基本处理技巧。

5.掌握多模态大模型在内容创作中的优势与应用,能理解多模态大模型如何提升内容创作的效率和质量,并熟悉其在创作过程中的应用方式。

二、能力目标

1.具备多模态技术应用分析能力,能根据具体应用场景,分析多模态技术的适用性和效果,提出优化建议。

2.具备图像、视频处理与分析能力,能运用多模态大模型进行图像智能分析与处理、视频理解等,提升数据处理效率。

3.具备内容创作与创新能力,能借助多模态大模型的优势,进行高效内容创作,提升创作质量和效率,同时保持内容的原创性和创新性。

4.具备跨领域融合应用的能力,能将多模态技术与其他领域知识相结合,探索新的应用场景和解决方案,推动技术创新和应用拓展。

三、素质目标

1.具备跨学科学习与整合能力,能够跨越多个学科领域,整合不同领域的知识和技术,形成综合性解决方案。

2.具备创新思维和问题解决能力,面对多模态技术的复杂性和多样性,能保持创新思维,灵活运用所学知识解决实际问题。

3.具备团队协作与沟通的能力,团队成员有效沟通,协作完成任务,提升团队整体效能。

4.具备技术伦理与社会责任意识,关注技术应用伦理和社会影响,遵守相关法律法规,确保技术应用的合法性和合规性。

5.具备持续学习与自我提升动力,面对多模态技术的快速发展和变化,能保持持续学习的动力,不断更新知识结构,提升个人技能水平,以适应未来技术的发展趋势。

情景引入

大模型背景下,智能计算发展有什么新态势?

当前,智能算力需求倍增,千卡计算集群成为大模型训练标配,巨量参数和海量数据是人工智能大模型研发的必经之路。以 ChatGPT 为代表的多模态 AI 大模型成为人工智能迈向通用智能的里程碑技术,2018—2024 年,OpenAI 公司先后发布 GPT-3.5、GPT-4、Sora 等大模型,参数规模突破万亿个,模型训练数据量达到 TB 级别,应用场景覆盖文生文、文生图、文生视频等多模态计算任务。参数规模在百亿个到千亿个之间、训练数据达 TB 级别以上,已成为研发具备涌现能力大模型的必备条件。

2003—2023 年,20 年间智能算力需求增长了百亿倍,远超摩尔定律提升速度。以 ChatGPT 为代表的人工智能大模型突破性进展激发全球智能计算发展热潮,大模型算力需求远超半导体增长速度,算力需求增长与芯片性能增长之间逐渐不匹配。根据公开数据测算,以 AlexNet 为代表的传统卷积神经网络模型训练计算量以 5～7 个月翻倍的速度增长,当前基于 Transformer 的大模型训练计算量以 4～5 个月翻倍的速度增长;然而在芯片方面,CPU(central processing)芯片依旧延续摩尔定律以 2 年性能翻倍的速度发展,GPU(graphics processing)芯片通过架构创新持续强化并行计算能力,实现 10 年千倍的增长速度(int8 算力)。现阶段,业界通过算力堆叠,以及芯片、软件、互联等协同技术系统性能提升来满足大模型智能算力激增要求,千卡算力芯片构建的集群成为千亿参数大模型训练的标配。

6.1　多模态技术的秘密

在人工智能领域,多模态研究已逐渐成为一种重要趋势。许多应用场景如若缺少多模态技术的支持,几乎难以实现。尤其在处理多种类型数据的领域,如医疗、机器人、电商、零售、游戏等,多模态技术的重要性越发凸显。随着大数据和计算能力的飞速发展,多模态学习在未来的人工智能发展中扮演着越来越重要的角色。

6.1.1　多模态技术概述

多模态中的"模态"指的是信息的来源或形式。

在多模态研究中,模态通常指的是不同的感官体验或信息表达的方式。例如,人类通过视觉、听觉、触觉、嗅觉和味觉五种基本感官来感知世界,每种感官都可以视为一种模态。在信息技术领域,模态还可以指代不同的Q信息载体,如文本、图像音频和视频等。

1)多模态技术提高系统精度和鲁棒性的途径

多模态技术通过结合不同类型的数据,如文本、图像、音频等,可以提高系统的精度和鲁棒性。具体来说,多模态技术的优势体现在以下几个方面。

（1）增强信息的丰富度

多模态技术能够从不同的数据源中提取信息,这有助于构建一个更全面的知识表示。例如,图像和文本的联合分析可以提供比单一模态更丰富的上下文信息。

（2）提高模型的泛化能力

通过在输入层、中间层和输出层上应用正则化操作,可以提高模型对未见数据的处理能力。此外,使用基于最大均值差异（MMD）距离的约束训练来学习不变特征,可以减少模态间的差异,增强多模态联合表征的鲁棒性。

（3）利用大规模无监督数据

一些先进的多模态模型,如CLIP,利用互联网上大量的无监督数据进行训练,这样可以在不需要人工标注的情况下学习到有效的跨模态关联。

（4）提升少样本学习能力

新一代的多模态基础模型,如Emu2,通过大规模自回归生成式多模态预训练,显著提升了在少样本多模态理解任务上的性能。

（5）减少模态鸿沟的影响

在跨模态想象过程中引入不变特征，可以减少不同模态之间的差异，从而增强模型的稳定性和准确性。

综上所述，多模态技术通过整合多种类型的数据和采用先进的训练策略，不仅提高了系统的精度，还增强了模型在不同环境下的鲁棒性。这些技术的应用使得机器学习模型能够更好地理解和处理复杂的现实世界数据，为各种行业和研究领域带来了创新的解决方案。

2）多模态技术的优势

多模态技术的优势主要体现在以下几个方面。

（1）全面获取信息

多模态技术能够融合多种类型的数据，如文本、图像、音频和视频，从而提供更全面的信息获取方式。这种综合性的信息处理有助于提高细粒度的语义理解、对话意图识别及情感分析的准确性。

（2）提升学习效果

实验表明，多模态学习效果通常优于单模态学习效果。通过多模态特征的拼接和融合，机器学习模型能够更好地理解和映射复杂的数据关系。

（3）丰富交互形式

多模态技术提供了丰富的人机交互形式，使得用户可以通过视觉、听觉、触觉等多种感官与机器进行交互，从而获得更加自然和人性化的体验。

（4）互为监督

在多模态交互中，当某一模态信息不明确时，其他模态可以提供辅助信息，实现弱监督，帮助机器进行系统自适应调整。

（5）增加应用范围

多模态技术的发展为业界带来了更多的想象空间，如虚拟解说、虚拟前台、虚拟陪伴等新兴应用，这些应用都需要利用到多模态交互技术。

此外，多模态技术通过网络结构设计和模态融合方法，如注意力机制和双线性池化，有效地整合了不同模态的信息，提高了模型的处理能力和效率。

综上所述，多模态技术通过整合多种感官数据，不仅能够提高信息处理的全面性和准确性，还能够增强人机交互的自然性和丰富性，同时为未来的技术发展和应用提供广阔的空间。

3）利用多模态技术进行弱监督的方法

利用多模态技术进行弱监督的方法主要包括以下几种。

（1）不完全监督

在训练数据中，只有一部分数据被标记，而其他数据没有标签。这种方法可以利用未标记的数据来提高模型的泛化能力。

（2）不确切监督

训练数据只提供了粗粒度的标签，例如，只给出整个数据集的标签而不区分每个样本。这可以帮助模型学习到更高层次的特征表示。

（3）端到端学习方法

通过设计端到端的卷积神经网络，可以在训练过程中对齐多个标记对应结构，从而预测位移场。在推理阶段，网络能够仅使用未标记的图像对作为输入，实现全自动的图像配准算法。

（4）多模态数据的融合

结合同质性或异质性的多模态数据，如结合图片和文本语言的关系，可以提供更丰富的信息源，增强模型的学习能力。

总的来说，弱监督学习是一种灵活的学习范式，它不需要通过大量标注数据就能训练出有效的模型。在多模态领域内，弱监督学习可以帮助我们更好地理解和利用来自不同模态的信息，从而提高模型的性能和适用性。

6.1.2　多模态基础模型的演变

以往的AI模型大多专注于单一模态，如文本或图像。然而，随着技术的进步，研究者开始探索能够综合处理多种数据类型的模型。随着深度学习的发展，模型也能够更加全面地理解和处理复杂的信息。目前已经实现了从特定视觉问题的模型过渡到能按照人类意图完成广泛计算视觉任务的通用助手。这种转变不仅在自然语言处理（NLP）领域得以体现，还拓展到了计算机视觉及其他领域。

多模态大型语言模型能够处理复杂的推理任务，甚至适应内存受限的设备使用场景。这些模型的出现，不仅改变了人们处理和分析数据的方式，还为人工智能领域带来了新的发展方向。

基于图的多模态学习方面，利用图结构可以实现对复杂数据的整合和学习。例如，多模态图卷积网络可应用于高质量内容识别。在深度生成模型用于多模态整合的应用中，如MultiVI模型，通过深度生成模型的方式，能有效地整合来自不同模态的数据，如结合基因表达数据和其他生物信息，以更准确地预测生物学特性。

6.1.3　实际应用和发展方向

多模态技术在实际应用中的范围非常广泛。例如：在医疗领域，结合医学影像和病历文本可以更准确地诊断疾病；在自动驾驶系统中，整合视觉、雷达和文本信息可以提高决策的准确性和安全性。随着技术的不断发展，我们预见到多模态学习将在人机交互、内容创作等更多领域发挥重要作用（图6-1）。

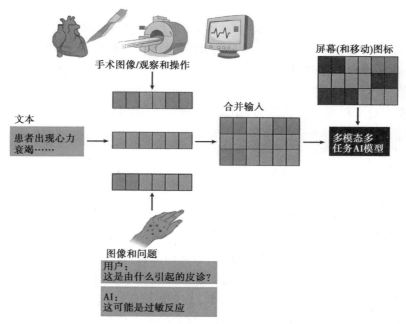

图6-1 多模态生物医学人工智能研究

值得注意的是,多模态学习不仅是技术层面的挑战,还涉及数据处理、算法设计以及计算资源配置等多个方面。未来的研究将可能集中在如何更有效地整合不同模态的数据,以提高模型的泛化能力和效率。此外,随着对隐私保护和伦理问题的日益重视,如何在保护个人隐私的前提下有效利用多模态数据,也是未来研究的一个重点。

当前,尽管多模态已经取得很大进展,但面临的挑战依旧很大。例如,如何采集噪声小的多模态对齐数据? 如何让模型更好地学习到不同粒度的对齐能力、可迁移能力等?

6.2 图像、视频的处理技巧

6.2.1 多模态大模型时代下的图像智能分析与处理

1)大模型时代的文档识别与理解

文档识别研究可以追溯到20世纪20年代,经历了纯光学、字符识别方法探索与应用、简单结构文档分析与识别、复杂文档分析与识别等阶段,今天的以深度学习为主导的文档复杂内容识别阶段,不仅能够识别结构化文档,同时对于自由手写文档和自由格式表格也有着较高的识别准确率。

文档分析与理解技术涉及图像处理(文档预处理、图像增强、图像校正、二值化等)、版面分析(区域分割、区域分类、文本定位、表格分析等)、内容识别(文本识别、图形符号识别、风格鉴定等)和语义提取(结构理解、文档检索、语义分析等)等过程。总体上,当前文档识别与理解研究向深度、广度扩展,处理方法全面转向深度神经网络模型和深度学习方法,识别性能大幅提升且应用场景不断扩展。但当前技术在可靠性、可解释性、自适应性等方面还有明显不足,在复杂环境和问题中识别精度仍待进一步提升。

针对目前文档识别与理解技术遇到的问题,结合 GPT-4 等大模型带来的超强的语言联想能力和跨模态特征提取和对齐能力,相关学者提出了多模态大模型时代新的研究问题和方向,具体包括:

(1)性能提升

①文本识别可靠性、可解释性;

②全要素识别、类别不均衡问题、多语言识别;

③复杂版面分割与理解,变形文档分析与识别。

(2)应用扩展

①机器人流程自动化、跨模态信息(文字、图像图形、语言)融合;

②语义信息抽取、面向应用的推理决策。

(3)学习能力

①小样本学习、迁移学习、多任务学习、弱监督学习,自监督学习;

②领域自适应、结构化预测。

2)视觉语言预训练模型及迁移学习

视觉语言任务是典型的跨模态机器学习任务,通过将图像或视频与语言结合起来,进行联合分析、理解和处理,包括:视觉问答(visual question answering),将自然语言问题与图片相结合,模型输出相应的文本答案;图像字幕生成(image captioning),利用图像生成与自然语言处理技术,将输入的图片转换成文本简介或描述;交互式图像生成(interactive image generation),利用用户输入的文字,生成对应的图像;跨媒体检索(cross-modal retrieval),通过图像查询自然语言或者通过自然语言查询图像集合中相关的图像;等等。

在视觉语言预训练模型及迁移学习领域,存在一种基于适配器的视觉语言预训练(Vision-Language Pre-training, VLP)迁移学习方法。该方法保留了 VLP 模型的先验知识,获得了优异的少样本能力。未来,深入探索迁移模型、因果推理、模型组合和可靠性等内容,将成为该领域持续发展的关键着力点。

6.2.2 多模态融合在视频理解中的应用

随着视频内容的快速增长和多样化,视频理解变得越来越重要。为了有效地理解视频中的复杂场景、事件和情感,多模态融合技术在近年来得到了广泛研究和发展。本节将介绍多模态融合技术原理及其应用。

1)多模态融合技术原理

(1)模态定义与分类

多模态是指不同类型的输入信息来源,如视觉、听觉、触觉等。在视频理解中,常见的模态包括图像、音频和文本等。

（2）模态特征提取

在进行多模态融合之前，需要对不同模态的信息进行特征提取。对于图像模态，可以使用卷积神经网络（CNN）提取空间特征；对于音频模态，可以使用循环神经网络（RNN）或长短时记忆网络（LSTM）提取时间特征；对于文本模态，可以使用词嵌入技术（如 Word2Vec 或 BERT 等）进行表示学习。

（3）多模态融合方法

①空间—时间特征融合：通过结合图像和音频等模态的空间和时间特征来实现融合。例如，在检测运动物体时，可以利用图像帧之间的连续性及音频信号的时间相关性来进行融合。

②低层—高层特征融合：将不同层次的特征进行融合，从而更好地捕获语义信息。例如，可以通过将浅层特征与深层特征相结合来识别更复杂的场景和行为。

③同步—异步特征融合：根据模态之间的时间同步性来选择合适的融合方式。例如，在语音识别任务中，由于音频信号和文本信号可能存在一定的延迟，可以选择异步融合方法来处理这种不确定性。

2）多模态融合在视频理解中的应用

（1）视频摘要

视频摘要是一种自动地从长视频中生成简洁、连贯且具有代表性的短视频的方法。通过对不同模态的信息进行融合，可以从多个角度挖掘视频的关键内容，并将其整合到一个简短的摘要中。

（2）视频检索

视频检索是根据用户提供的查询条件从大量视频库中找到相关信息的过程。通过对图像、音频和文本等模态的融合，可以提高检索的准确性并减少误报率。

（3）视频情感分析

视频情感分析旨在识别视频中人物的情绪状态，这对于电影推荐、用户体验优化等领域至关重要。通过融合不同模态的信息，可以更准确地捕捉到视频中的情感线索。

（4）视频问答

视频问答是一项挑战性任务，要求模型能够从给定的视频中获取相关信息并回答问题。通过将多种模态的信息融合在一起，可以提高模型对视频内容的理解能力。

（5）视频目标检测与跟踪

视频目标检测与跟踪是计算机视觉领域的重要任务，旨在定位视频中的特定对象并追踪其动态变化。多模态融合技术，可以增强模型对目标外观和动作的鲁棒性。

总之，多模态融合技术为视频理解提供了强大的工具。通过对不同模态的信息进行有效融合，可以提高视频理解的准确性、鲁棒性和泛化能力。在未来的研究中，探索更加高效和智能的多模态融合方法将成为视频理解领域的重点研究方向。

3)视频理解中的关键问题

视频理解是计算机视觉领域中的一个重要研究方向,其目的是通过分析和理解视频内容来提取有用的信息。在这个过程中,有许多关键问题需要解决,包括视频数据的处理、特征表示和学习、多模态融合以及目标检测和识别等。

首先,视频数据的处理是一个重要问题。由于视频是由连续的画面组成的,因此在处理时需要考虑时间维度上的信息。通常的做法是对视频进行帧级别的分割,然后对每帧图像进行单独处理。此外,在处理视频时还需要考虑到光照、遮挡、运动模糊等因素的影响,这些因素都会影响到视频的理解效果。

其次,特征表示和学习、多模态融合是视频理解中的关键问题。一个好的特征表示能够有效地捕获视频中的关键信息,并且方便地进行机器学习。目前常用的方法包括基于浅层特征(如颜色、纹理、形状)的方法、基于深层特征(如卷积神经网络)的方法以及基于时空特征的方法等。多模态融合是指将不同类型的模态信息(如音频、文本、图像等)融合在一起进行视频理解的过程。这种融合方式可以提高视频理解的效果,因为不同的模态信息可以从不同的角度提供关于视频内容的信息。常见的多模态融合方法包括早期融合、中期融合和晚期融合。

最后,目标检测和识别是视频理解中不可或缺的一部分。目标检测的目标是从视频中找出感兴趣的对象或区域,而目标识别是确定这些对象或区域的具体类别。这两项任务都需要进行大量的计算,因此高效的目标检测和识别算法对于视频理解非常重要。

总之,通过对以上问题的研究和解决,我们可以实现更加准确和有效的视频理解和应用。

4)多模态融合在视频内容识别中的应用

视频理解是计算机视觉领域的一个重要研究方向,它的目标是通过分析和理解视频中的内容来实现自动化的视频处理和分析。在视频理解中,多模态融合是一种有效的技术,它可以将视频中的不同模态信息(如视觉、听觉、文本等)进行有效融合,从而提高视频内容识别的准确性和鲁棒性。

首先,在视觉模态方面,多模态融合可以有效地利用视频中的色彩、纹理、形状、运动等视觉特征,以及它们之间的相互关系来进行视频内容识别。例如,通过结合色彩和纹理特征,可以更好地识别视频中的物体类别;通过结合形状和运动特征,可以更好地识别视频中的动作类别。此外,多模态融合还可以有效地处理视频中的遮挡、光照变化、背景干扰等问题,从而提高视频内容识别的鲁棒性。

其次,在听觉模态方面,多模态融合可以有效地利用视频中的音频特征来进行视频内容识别。例如,通过结合语音和图像特征,可以更好地识别视频中的说话人身份;通过结合音乐和画面特征,可以更好地识别视频中的音乐类型和情绪。此外,多模态融合还可以有效地处理视频中的噪声干扰、音量变化、语音失真等问题,从而提高视频内容识别的鲁棒性。

最后,在文本模态方面,多模态融合可以有效地利用视频中的字幕、标题、描述等文本信息来进行视频内容识别。例如,通过结合文字和图像特征,可以更好地识别视频中的事件类型和主题;通过结合关键词和画面特征,可以更好地识别视频中的热点话题和情感倾向。此外,多模态融合还可以有效地处理视频中的语言差异、文化背景、语义模糊等问题,从而提高视频内容识别的准确性。

为了实现多模态融合在视频内容识别中的应用,需要解决一系列的技术问题。其中,如何有效地提取和表示不同模态的信息是一个关键的问题。在这个问题上,目前主要采用的方法包括基于深度学习的方法和基于传统机器学习的方法。基于深度学习的方法通常采用卷积神经网络(CNN)、循环神经网络(RNN)等模型来提取和表示不同模态的信息,而基于传统机器学习的方法通常采用支持向量机(SVM)、K最近邻算法(KNN)等模型来进行特征选择和分类。

另一个重要的问题是如何有效地融合不同模态的信息。在这个问题中,目前主要采用的方法包括早期融合、中期融合和晚期融合。早期融合是指在输入阶段就将不同模态的信息合并在一起,然后一起送入后续的处理步骤;中期融合是指在中间层将不同模态的信息进行合并,然后再进行进一步的处理;晚期融合则是指在输出阶段将不同模态的信息进行合并,以获得最终的结果。

最后,如何评估多模态融合在视频内容识别中的性能也是一个重要的问题。在这个问题中,常用的评估指标包括准确率、召回率、F1值等。同时,还需要注意避免过拟合、数据不平衡等问题,以确保评估结果的可靠性。

综上所述,多模态融合在视频内容识别中的应用具有广泛的应用前景和发展潜力。未来,随着计算能力的增强和数据规模的扩大,多模态融合技术将会更加成熟和完善,并且将在更多的应用场景中发挥重要作用。

5)多模态融合在视频情感分析中的应用

视频情感分析是指通过自动分析视频中的音频、视觉和文本信息,推断出观众的情感反应。多模态融合在视频情感分析中发挥着重要作用,能够帮助系统更准确地理解观众的情感状态。

首先,多模态融合可以提高情感识别的准确性。视频中的不同模态之间存在丰富的交互关系,如声音和画面之间的配合及演员的面部表情和身体动作之间的协调性等。通过对这些模态进行融合处理,系统可以更好地捕捉到各种情感特征,并将它们综合起来做出更准确的判断。

其次,多模态融合可以提高情感分析的鲁棒性。由于单一模态的信息可能存在噪声和缺失的情况,如果只依赖一种模态进行情感分析,则可能受到较大影响。而多模态融合可以从多个角度获取信息,从而避免了单一模态的问题,提高了系统的鲁棒性。

目前,多模态融合已经被广泛应用于视频情感分析领域。一些研究表明,在电影预告片情感分类任务中,采用多模态融合的方法可以获得更高的准确率。例如,一项研究使用视听文本融合方法对电影预告片进行情感分类,结果显示该方法在七个类别上的平均准确率达76.2%。

此外,还有一些研究利用深度学习技术进行多模态融合,以实现更高效的情感分析。例如,一项研究提出了一种基于深度神经网络的多模态情感分析模型,该模型结合了音频、视觉和文本三个模态的信息,并在IMDb电影评论数据集上取得了优秀的表现效果。

除了情感分类外,多模态融合也被应用于情感检测和情感生成等领域。例如,一项研究利用多模态融合技术和强化学习算法,实现了从无标签视频数据中自动生成情感标签的任务。另一项研究则提出了一个基于多模态融合的对话系统,该系统可以根据用户的语音、文字和面部表情等多种输入信息,生成符合用户情感需求的回答。

总的来说,多模态融合为视频情感分析提供了一种有效的手段。在未来的研究中,随着更多的模态信息被引入,以及深度学习等技术的进一步发展,相信多模态融合在视频情感分析中的应用会更加广泛和深入。

6)多模态融合在视频行为识别中的应用

在视频理解领域,多模态融合是一种非常重要的技术。它通过将不同类型的特征(如视觉、听觉和文本等)结合起来,以更全面的方式理解和解析视频内容。本节主要探讨了多模态融合在视频行为识别中的应用。

视频行为识别是计算机视觉领域的重要研究方向之一,其目标是从视频中自动检测和识别出各种人类行为。传统的视频行为识别方法通常基于单一模态的特征表示,例如仅考虑视觉信息或音频信息。然而,这种单一模态的方法往往无法充分利用视频中的所有相关信息,并且容易受到环境变化的影响,从而导致识别性能受限。

近年来,随着深度学习的发展和多模态数据的日益丰富,多模态融合已经成为视频行为识别的一个重要研究方向。通过对不同模态的特征进行有效结合,可以提高行为识别的准确性和鲁棒性。

(1)多模态融合方法

①早期融合。早期融合是指在特征提取阶段就将不同模态的特征进行融合。这种方法的优点是可以尽早地利用多种模态的信息,但是需要处理大量的融合特征,可能会增加计算复杂度。

②中期融合。中期融合是指在特征提取之后,但在分类之前对不同模态的特征进行融合。这种方法的优点是可以保留不同模态的独立性,并且可以有效地减少融合特征的数量。

③后期融合。后期融合是指在分类结果之后对不同模态的预测结果进行融合。这种方法的优点是不需要修改现有的模型结构,但可能会丢失一些模态之间的相关性。

(2)多模态融合在视频行为识别中的具体应用

①视频描述生成。视频描述生成是指从视频中自动生成一段文字描述,以便于人类理解视频的内容。多模态融合可以帮助系统更好地理解视频中的行为,从而生成更加准确和详细的描述。

②视频摘要。视频摘要是指从长视频中自动抽取最具代表性的关键帧,以便于快速浏览和理解视频的内容。多模态融合可以帮助系统更准确地识别出视频中的关键行为和事件,从而生成更具吸引力的摘要。

③视频检索。视频检索是指根据用户的查询要求,从大量视频中找出符合要求的视频片段。多模态融合可以帮助系统更准确地匹配用户的查询意图,从而提高检索的准确性。

④视频监控。视频监控是指使用摄像头拍摄并分析视频画面,以便于发现和预防潜在的安全问题。多模态融合可以帮助系统更准确地识别出可疑的行为和事件,从而提高安全防范的效果。

（3）案例分析

网络短视频平台抖音,在视频内容审核方面采用多模态融合技术。通过将图像、声音和文字等多种模态的信息融合在一起,可以更准确地判断视频是否存在违规行为,提高了审核的准确率。

7）多模态融合在视频事件检测中的应用

随着视频技术的发展,视频数据的处理和分析成为研究的重点。为了更好地理解视频内容,人们开始利用多种不同的信息源进行视频事件检测。其中,多模态融合作为一种有效的视频分析方法,在视频事件检测中取得了显著的效果。

（1）多模态融合概述

多模态融合是指将来自不同感官或信息源的数据进行整合与融合的过程。在视频理解中,多模态融合主要涉及视觉、听觉及文本等信息的融合,以提高对视频事件的识别和解释能力。

（2）视频事件检测的重要性

视频事件检测是指从连续的视频流中自动提取出感兴趣的事件,并对其进行分类和定位。视频事件检测在安全监控、智能交通、体育赛事等领域具有广泛的应用前景。然而,由于环境的复杂性和事件的多样性,视频事件检测面临着巨大的挑战。

（3）多模态融合在视频事件检测中的优势

①提高准确性。通过结合不同模态的信息,多模态融合可以提高视频事件检测的准确率。例如,在行人检测任务中,仅依赖单一的视觉模态可能无法很好地应对遮挡和光照变化等问题,而结合声音和运动信息可以帮助提高检测效果。

②增强鲁棒性。多模态融合能够增强模型的鲁棒性,使其在面对噪声和异常情况时仍能保持较高的性能。例如,在监控场景下,当摄像头受到干扰或画面质量较差时,结合音频信号可以帮助提高目标检测的稳定性。

③降低计算成本。相比单模态方法,多模态融合通常需要更多的计算资源。然而,在实际应用中,通过选择适当的特征表示和融合策略,可以在保证性能的前提下降低计算成本。

（4）多模态融合方法及应用案例

①视频—文本融合。通过结合视频中的视觉信息和文本描述,可以实现对复杂事件的精准检测。例如,深度学习的视频—文本融合方法能够在体育赛事视频中准确地检测出特定的动作事件。

②视频—音频融合。通过对视频和音频信号的同步分析,可以提高事件检测的实时性和可靠性。例如,视听融合的方法可以检测公共场所的紧急事件,如火灾和爆炸等。

③多模态特征融合。通过对来自不同模态的特征进行深度融合,可以实现对事件的全面理解和表示。例如,多模态注意力网络能够自适应地调整不同模态之间的权重,从而优化事件检测的性能。

6.3 多模态大模型能做什么——企业网站的结构分析

本节将使用多模态分析方法对样本企业网站的"网站语篇结构"进行分析。

6.3.1 语料标注规则

在对多模态语篇结构进行分析时,首要任务是确定语篇的基础层标注规则。以企业网站语篇为例,其基础层标注规则的确定通常要经过以下几个步骤。

首先,广泛查阅现有文献,初步确立企业网站包含的核心符号资源。接着,参考多模态语篇基础层元素示例,以及新闻网页、新闻图片网站、社交评论网站等不同类型网站语篇基础层的分析结果,初步确定企业网站语篇基础层元素。

本书将使用多模态分析方法对样本企业网站的"网站语篇结构"进行分析。由于目前多模态分析尚未完全实现如文本语料库那样的计算机程序全自动分析,在很大程度上仍依赖人工分析来完成。因此,本书也主要采用人工方式对样本网站多模态语料库进行标注(表6-1)。

表6-1 样本网站多模态语料库

多模态元素类型	基础层话语元素	说明示例
文字类模态元素	T1一般文字	一般的文本句子或段落
	T2着重文字	强调的文本句子或段落(加粗、加大或醒目颜色)
	T3纵向新闻列表	纵向排列的新闻列表
	T4纵向菜单	纵向排列的菜单选项
	T5新闻标题	新闻的抬头或标题
	T6详情指示	"更多""详情请见"等指示性文本
	T7网页页眉	网页的页眉,包括语言选择、区域选择等内容
	T8网页尾注	网页的尾注,包括网站注册、法律规则说明等内容
	T9图片内文字	可识别的图片内的文字
	T10图片标题	图片四周的标题
	T11数字选择按钮	"123"可选择的数字按钮
	T12数字或排行	单独列出的数字或表示排行的数字
	T13日期	单独列出的日期
	T14列表标题	横向或纵向列表的标题
	T15栏目标题	网页内栏目的标题
	T16矩阵菜单	矩阵式排列的菜单
	T17横向菜单	横向排列的菜单选项
	T18导航菜单	网页的导航菜单栏中的菜单

多模态元素类型	基础层话语元素	说明示例
图片类模态元素	P1 主题图片	网页导航菜单下的图片,占据网页中心位置
	P2 选择框	可下拉的选择框
	P3 选择按钮	以图片或图标形式出现的选择按钮
	P4 一般图片	照片,图画,绘画等图片
	P5 图标	可识别的图标
	P6 搜索框	可输入文字的搜索框
	P7 社交媒体图标	社交媒体的图标
	P8 公司标识	企业的名称与标识
	P9 二维码	可识别的二维码图标
图表类模态元素	D1 表格	一般的表格
	D2 图示	直方图、圆饼图等图示
视频类模态元素	V1 视频	可供单击播放的视频
	V2 Flash 动画	可自动播放的 Flash 动画
标注规则	统计基础层元素的出现频次。例如,网页内出现纵向菜单,则统计菜单内选项的具体个数。基础层元素为标注的最小单位,若某一话语片段(如一段文字)被确认为一个基础层元素,则分析不再深入元素内部(如该段文字内部句子结构)	

6.3.2 语料标注操作

为保证语料标注质量,要求语料分析人员在3天内完成对同一网站语篇的标注任务。语料标注工作主要包括以下几个步骤:

1)人员选拔

本书选拔了两位语言学博士生为语料分析人员,两人都有一定的多模态分析经验。

2)标注培训

在进行正式语料标注前,对两位语料分析人员进行集中培训,培训内容包括标注软件使用、标注规则说明等。

3)预试标注

两位语料分析人员按照网站语篇结构基础层元素及标注规则对15%的样本网站进行试标注,并就标注过程产生的分歧进行讨论协商直至达成一致意见。

4)正式标注

两位语料标注人员严格按照编码表对全部样本网站进行正式分析。

6.3.3　信度与效度检验

1）信度检验

本书主要采用标注员间信度来检验网站多模态语料标注的信度，即考查两位独立语料标注人员对同一语料获得相同语料标注结论的程度。具体而言，采用简单一致性系数来进行语料标注员间信度检验。结果显示，文字类、图片类、图表类和视频类模态元素的语料标注员间简单一致性系数分别为0.91、0.92、0.91和0.90，在各个测项的信度系数均超过0.80，表示语料标注信度理想、语料标注结果可靠。

2）效度检验

网站多模态语料分析主要涉及内容效度检验。本书网站多模态语篇标注规则的建立过程遵循了严格的程序与规范，设计经过系统文献回顾、专家访谈、预试标注等多个步骤，也有多轮修改与完善。上述步骤在一定程度上保证了标注规则的内容效度符合研究要求。

6.4　用大模型创作内容

在数字技术的飞速发展中，多模态大模型以独特的能力，正在改变我们创作、表达和交流的方式。这种能够融合文字、图像、音频等多种模态信息的大模型，正在为创作领域带来创造性的变化。本节将通过几个实际的应用案例，探讨多模态大模型在创作中的应用及其所带来的新机遇。

6.4.1　多模态大模型的优势

1）多样性

多模态大模型能够处理多种模态信息，因此生成的内容具有更高的多样性。这不仅可以满足不同用户的需求，还可以为内容创作者提供更多的创作灵感。

2）高效性

相比传统的内容创作方式，多模态大模型可以更快地生成内容，大大提高了创作效率。同时，它还可以自动完成一些烦琐的编辑和校对工作，减轻了创作者的工作负担。

3）创新性

多模态大模型通过学习大量的数据，能够掌握一些独特的创作风格和表达方式。这使生成的内容具有更高的创新性，能够吸引更多的用户关注。

6.4.2　多模态大模型在内容创作中的应用

1）视觉与文本的交融：图像文本生成

传统的文本创作往往依赖作者的想象力和文字表达能力。然而，随着多模态大模型的发展，我们现在可以更加直观地通过图像来生成文本。以智空平台为例，该平台利用强大的视觉—语言检索能力和一定的常识理解能力，不仅可以根据输入的图像自动生成相关的文本描述，还可以根据用户的需求对生成的文本进行定制化的调整。这种基于图像的文本生成技术，不仅极大地丰富了文本创作的素材来源，也为创作者提供了更多的灵感和创意空间。

2）语音与情感的结合：语音情感分析

在创作过程中，情感是不可或缺的要素。然而，传统的文本分析技术往往难以准确地捕捉和表达情感。多模态大模型通过融合语音和文本信息，可以更加准确地分析用户的情感状态。例如，在情感识别与分析领域，多模态大模型可以根据用户的语音、面部表情和言语内容来判断其情感状态，包括愤怒、快乐、悲伤等。这种综合考量多种情感信息的方法能够更准确地捕捉用户的情感变化，为创作提供更加真实、生动的情感表达。

3）多模态交互：创作体验的升级

多模态大模型的另一个重要应用是在创作体验上。传统的创作工具往往只支持单一的输入方式，如键盘输入或手写输入。而多模态大模型可以实现多种输入方式的融合，如语音输入、图像输入等。这种多模态交互方式不仅提高了创作的效率，还丰富了创作的手段。例如，在文学创作领域，作者可以通过语音输入的方式快速记录灵感和想法，然后通过图像输入的方式为作品添加更加生动、直观的视觉元素。这种多模态交互的创作方式不仅提升了创作的趣味性，也使得作品更加丰富多彩。

多模态大模型为创作领域带来了全新的机遇和挑战。通过融合多种模态的信息，多模态大模型不仅丰富了创作的素材来源和表现手段，还提高了创作的效率和趣味性。未来，随着技术的不断进步和应用场景的不断拓展，多模态大模型将会在更多领域发挥重要作用，推动创作领域的创新发展。我们期待着在多模态大模型的助力下，创作出更加精彩、生动、真实的作品，让创作变得更加简单、高效和有趣。

6.5　案例——腾讯推出的首个开源多模态大语言模型 VITA 可与用户进行无障碍沟通

2024 年 8 月，腾讯优图实验室等机构的研究者们推出了首个开源的多模态大语言模型 VITA，它能够同时处理视频、图像、文本和音频，而且它的交互体验是一流的。

VITA模型的诞生,是为了弥补大语言模型在处理中文方言方面的不足。它基于强大的Mixtral 8×7B模型,扩展了中文词汇量,进行了双语指令微调,让VITA不仅精通英语,还能流利地使用中文(图6-2)。

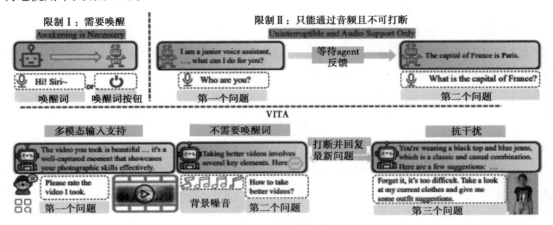

图6-2　VITA模型

VITA模型的主要特点:

多模态理解:VITA能够处理视频、图像、文本和音频,这在开源模型中是前所未有的。

自然交互:无须每次都说"嘿,VITA",它就能在你说话时随时响应,甚至在你和别人交谈时,它也能保持礼貌,不随意插嘴。

开源先锋:VITA是开源社区在多模态理解和交互方面迈出的重要一步,为后续研究奠定了基础(图6-3)。

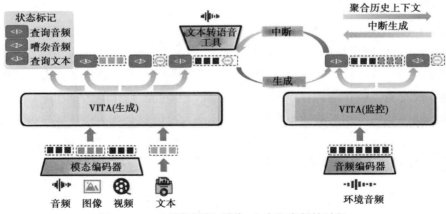

图6-3　VITA处理视频、图像、文本和音频的过程

VITA的魔法来自它的双重模型部署。一个模型负责生成对用户查询的响应,另一个模型持续跟踪环境输入,确保每次交互都能精准、及时。

VITA不仅能聊天,还能在你健身时充当聊天伙伴,甚至在你旅游时提供建议。它还能根据你提供的图片或视频内容回答问题,展现出强大的实用性。

虽然VITA已经展现出了巨大的潜力,但在情感语音合成和多模态支持等方面,它还在不断进化。研究者计划让下一代VITA根据视频和文本输入生成高质量的音频,甚至探索同时生成高质量音频和视频的可能性。

VITA模型的开源,不仅是技术的胜利,更是对智能交互方式的一次深刻革新。随着研究的深入,我们有理由相信,VITA将为我们带来更加智能、人性化的交互体验。

知识延伸

AI手机竞争升级 厂商角逐多模态大模型

随着AI的快速渗透,智能手机市场正迎来一场新的竞争。各大手机制造商纷纷瞄准生成式AI,积极探索多模态大模型,以期在竞争中拔得头筹。

目前,vivo宣布了其在AI多模态大模型上的重大进展,表示将自研蓝心大模型升级为自研AI多模态大模型。小米与阿里云达成合作,强化旗下人工智能助手的多模态AI生成能力。华为不断迭代盘古大模型,并将其引入手机、汽车端。此外,OPPO、荣耀、三星等也推出了多模态大模型或相关手机终端。

"多模态大模型是AI技术的重要发展方向,也是AI产业的重要增长点。以多模态大模型等为基础的智能化水平是手机企业在AI时代决胜的关键,加速大模型'上机'成为企业打造差异化的新选择与新方向。"北京工商大学教授王瑜在接受《证券日报》的记者采访时表示。

1)推动大模型跨入多模态

目前,各大手机厂商陆续打出自己的"大模型"底牌,并加速推动大模型跨入多模态。

vivo将自研通用大模型矩阵蓝心大模型升级为自研AI多模态大模型,并在行业首发了多模态大模型技术应用"vivo看见—蓝心升级版"。vivo方面表示,将基于AI多模态大模型在应用上继续研发拓展。OPPO与联发科技合作共建轻量化大模型端侧部署方案,其研究院表示,多模态预训练模型正在OPPO端云场景有序落地。荣耀则将自研AI大模型引入手机,并通过端侧大模型和平台级AI重构操作系统,提升手机AI能力。荣耀称,其魔法大模型可以为操作系统带来更高效的多模态信息解析能力。华为鸿蒙4系统全面接入盘古大模型,支持多款机型。据悉,覆盖面更全的多模态盘古大模型5.0有望很快亮相。

据业内不完全统计,已经有超过30家手机厂商宣布引入AI大模型。AI大模型正在成为国产高端智能机型的准标配。同时,多模态大模型也在加速"上机"。

"多模态大模型泛用性更高,提升了信息交互效率,降低了应用门槛。手机厂商将大模型升级为多模态大模型,将实现更加丰富的手机应用。"北京交通大学教授徐征对《证券日报》记者表示。

迈睿资产管理CEO王浩宇认为,目前手机厂商在大模型上的布局侧重端侧。"vivo将大模型升级为自研AI多模态大模型,表明其具备自主研发能力。华为、OPPO、小米等企业也均在自己的操作系统中集成了大模型技术,并将其向多模态模型加速迭代,预示着AI大模型将成为智能手机发展的重要驱动力,推动行业进入一个新的创新周期。"

2)有望激发增长潜力

在华为、vivo等厂商的推动之下,以多模态大模型为重点发展方向的生成式AI技术有望激发手机行业新的规模增长潜力。据调研机构Counterpoint Research最新发布的报告,生成式AI手机将在未来几年保持高速增长,存量规模将在2027年突破10亿元大关。

在此背景下,华为、vivo、小米等企业也通过与大模型企业战略合作、投资并购等方式,加速技术的商业化进程,推动AI应用加速落地。

例如,应用在小米手机及小米汽车SU7上的"小爱同学",融合了商汤科技的多模态大模型技术能力。视觉中国表示,公司与华为在手机内容生态方面进行合作,并围绕多模态大模型进行探讨合作。

在中国数实融合50人论坛智库专家洪勇看来,手机厂商与大模型产业链企业的技术合作正成为一种趋势。手机产业链对多模态大模型的引入促使其向更高层次的智能化转型,引发上下游企业的重新定位,从而共同塑造一个以AI为核心驱动力的未来移动生态。"不过,手机端的大模型落地还存在可支持的大模型应用场景受限等难点,业内也正联合探索破局。"

单元练习

一、填空

1.在提高模型的泛化能力的时候,通过在_____、_____和_____上应用正则化操作,可以提高模型对未见数据的处理能力。

2.语料标注过程中,_____和_____是检验标注质量的重要标准。

3.多模态是指不同类型的输入信息来源,如_____、_____、_____等。在视频理解中,常见的模态包括_____、_____和_____等。

二、讨论

1.结合实际应用,讨论多模态大模型在图像和视频处理中的典型案例及其效果。

2.探讨如何通过多模态融合技术提高企业网站的用户体验和信息传递效果。

三、实战

1.选择一个常用的多模态模型,对一组图片数据进行分类和描述,并与单模态模型的效果进行对比。

2.实践多模态语料标注,根据一段视频内容进行语音文字同步标注,并使用信度和效度检验工具检验标注结果。

3.利用多模态大模型,创作一篇带有图文并茂的短文,要求内容丰富且图文匹配度高。

第7章　人机合作与职场伦理

学习目标

一、知识目标

1.了解人机协同工作的基本原理,理解数智化如何拓展职场业务,创建新的业务平台,并推动企业和员工的双层发展。

2.掌握数智化技术在职场中的实践应用,熟悉数智化技术如何在实际职场环境中被应用,以及这些应用如何影响工作流程和效率。

3.理解数智化技术提升工作效率的途径,掌握数智化技术提升工作效率常见方法,包括技术工具的使用、流程优化等。

4.了解行业中数智化技术提升工作效率的案例,通过分析具体案例,了解数智化技术在特定行业中的实际应用效果。

5.掌握数智伦理相关基本术语,包括人工智能伦理、数字化信息服务伦理等,辨识数智伦理问题在职场中具体体现。

二、能力目标

1.具备人机协同工作能力,提升工作效率和质量。

2.能快速适应数智化职场环境,并根据工作需要调整自己工作流程和技能。

3.能独立分析数智化在特定行业中提升工作效率的典型案例,并提炼出可借鉴的经验和方法。

4.面对数智伦理问题时,能独立思考,提出合理解决方案,确保技术应用符合伦理规范。

5.具备数智化人才发展规划能力,能根据自身情况和职场需求,规划自己的数智化职业发展路径,不断提升个人竞争力。

三、素质目标

1.具备开放包容的心态,积极接纳新
技术和新观念,不断提升自己的适应能力。

2.具备持续学习和自我提升的意识,保持学习热情,不断更新知识结构,提升个人技能。

3.具备团队协作和沟通的能力,能与团队成员有效沟通,协作完成任务,提升团队整体效能。

4.遵循职业道德规范,关注技术应用的社会影响,为职场环境的和谐稳定贡献力量。

情景引入

从"人机"协同到"人机数"融合发展

在新一轮科技革命和产业变革加速演进时期,迫切需要捕捉新机遇、培育新产业、催生新模式、发展新动能,需要积极探寻新的技术,运用新思维发展新质生产力。纵观近年来全球经济增长的新引擎,从人工智能、工业互联网到大数据,无一不是由新技术带来的新产业。科技创新是形成新质生产力的重要组成部分,是产生发展质变的核心驱动力。科技创新随着信息技术、人工智能的快速发展在各行各业都呈现活跃状态,科技创新赋能经济发展已然成为生产力发展的有效路径。

1)人机关系演变推动生产方式和生产力变革

回顾科技发展历程,机器在逐步介入生产环节的过程中已经使得人机关系发生多重转变,并在潜移默化中推动着生产方式和生产力的变革。

工业时代初期机器刚刚出现时,机器只能替代人的部分技能,人依旧是产生活劳动的动力,机器需要人的操控实现生产活动。机器的出现一定程度上解放了人的部分劳动力,人们逐渐从手工生产向机械化生产转变,商品的生产效率得到提高,工业经济在此基础上得以快速发展。随着机器不断规模化的发展,机器逐渐替代工人成为机械体系的组成部分,从人操控机器到形成自动的机器体系,机与机之间形成了人与人之间的分工协作体系,显著降低了生产成本。随着信息时代的到来,机器在大数据基础上实现了基于数据的智能分析和研判,机器具有了智能的标签,机器在生产生活中的地位也发生了质的变化。机器可以弥补人类在大量数据处理和计算时的能力缺陷,人可以为机器智能提供价值和伦理的判断。人机协同促使个性化和定制化产品的生产成为可能,也因此大大降低了产品价值、提升了产品的使用价值。

2)人机协同依靠人机数融合实现智能增值

人机协同是一个由人和机器所构成的复杂系统,该系统所呈现出的协同创新源于人机之间的交互,数据流是人机交互的信息表征。对于机器而言,不同数据会产生不同的决策结果,人机协同增强智能所依靠的是人机数融合决策。个人接收并修正机器传递的数据流后,会使机器形成新的学习过程从而改变机器的决策结果。在人与机器对数据流的不断修正过程中两者最终会达成共识形成融合决策。人机数融合决策是一个包含对环境感知、数据增殖、协同创新的开放式决策回路,人、机器、数据流是这个决策回路中不可或缺的三要素,而人机协同正是人机数融合决策的结果。

对人机数融合决策的初步设想。人与机器可以打破时空限制,在虚拟环境的决策过程中通过数据流被绑定成为共同体,以解决人类线性思维逻辑无法剖析的复杂性问题。然而,随着复杂性问题的跨界特征越来越明显,人机协同系统需要具备解决不同专业问题的决策能力,以满足多样化的决策需求,这就要求人机协同系统能够对不同的决策需求产生高度适应性。按照复杂系统理论,创建开放和动态的人机协同系统是增强系统适应能力的必要条件,人机协同系统应当由具有不同决策能力的人机数融合共同体构成,在不同适应需求下,通过改变不同人机数融合共同体的组合和合作模式,实现系统中不同决策能力的叠加、倍增、聚合和涌现,促使人机协同系统在不同决策环境下都能催生出新的智能和高质量生产力。这意味着,每个人机数融合共同体既能单独完成决策过程,也能与其他共同体结合形成更高层次的融合决策。

人机数融合为实现创新型生产力奠定基础。人机数融合对复杂环境的高适应性虽然增加了人机协同系统的复杂性,但也为激发创新型生产力、促进前沿科技发展奠定了基础。人机数融合对数据的适应、对环境的适应、对需求的适应体现了其较高的智能水平,而智能是形成个性化决策、激发创新的基础。不同人机数融合共同体可以通过相互交互、对环境的适应不断调整自身的决策策略,产生适应新主体和新环境的决策,形成自我学习机制,创新决策路径。例如,最近热度较高的边缘人工智能就可以基于个人产生的本地数据独立作出决策,实现更快速、更安全的数据处理和决策能力。边缘人工智能能够通过与人的交互掌握人的偏好,为其提供更好的辅助决策,这种个性化创新服务可以应用在多个领域,如健康监测、自动驾驶、智能家居等,满足多样化的产品需求。

人机数融合为促进高质量发展提供助力。在人工智能快速发展的今天,人们无时无刻不在与人工智能进行着交互,小到智能客服、聊天机器人,大到智能家居、智能医疗、自动驾驶,人机数融合已经存在于人类生产生活的各个细节当中,改变着人们的生产生活方式。与过去不同,支撑人机数融合的数据和算力逐渐成为新型生产资料,赋予产品新的价值,基于两者形成的个性化服务逐渐成为主流,覆盖科技、医疗、电子、金融、交通等多个行业领域。路线规划需要基于交通路网数据进行计算,线上打车平台会结合司机日常接单量分配订单,网购平台会参考用户消费习惯推送商品,数据所具有的价值被转接到服务产品当中,同时提高了产品的生产效率和质量。更多劳动力逐渐向算力研发和终端服务靠拢,新业态和新的行业模式不断出现,数据和算力成为信息时代高质量发展的重要基础。

同时,在5G互联网的支持下,人机数融合也为实现智能联合、"5G+工业互联网"、先进制造奠定了基础。2023年工业和信息化部印发的《工业互联网专项工作组2023年工作计划》进一步推动了我国"5G+工业互联网"的发展,多个行业领域持续推动智能改造和转型,智慧化码头、5G全连接工厂等优先体会到科技赋能的便利性,生产效率和人员利用率显著提升。"5G+工业互联网"强调用"网"的概念联合多种智能平台和终端,形成互联互通,人机数融合是"5G+工业互联网"的重要组成部分,能够促进"网"的运用的灵活性和适应性,人在回路的价值流和机器辅助决策的数据流相互融合,能够为贯穿生产上下游、整合生产资源、催生形成新质生产力、促进高质量发展提供助力。

7.1 人与机器如何一起协同工作——职场数智化实践

2022年AI优质职场评选的特别奖项是"数字化职场塑造",在参评企业提交的案例中,不仅展现了数智化时代优秀职场品牌积极拥抱时代的主动探索精神,其在职场数智化方面开展的实践,也为大家提供了值得参考的范例。

7.1.1 数智化拓展职场业务的创新

1)多元推进职场数字化

兄弟(中国)有限公司的案例显示,他们先后打造了客服聊天机器人、差旅系统、人事机器人小程序、人事招聘系统,以数字化为基础,对外维系客户,对内简化重复操作,全面提升沟通及工作效率。其中,客服聊天机器人可7×24小时在线待命,通过类似聊天的方式即时解决客户疑问,帮助客服人员拦截并解决基础、常见问题,提高客服工作效率。差旅系统可实现订票、审批、报销等在线处理,降低差旅采购成本,使差旅审批流程更加便捷、清晰。人事机器人小程序嵌入内网的"员工自助系统",能够解答涵盖医疗保险、考勤、薪资绩效等常规的人事问题,有效缩减了HR的业务量,同时提升了员工的用户体验度,形成良性循环。人事招聘系统将所有招聘流程转到线上,在提高招聘选拔、沟通、面试效率的同时,还可以实现招聘数据可视化,让企业的人才招聘更具智能化。

2)数字化驱动律所管理与业务创新

上海申同律师事务所与法律科技行业顶尖的SaaS服务提供商合作,建立了以Alpha系统为核心的律所数字化运营体系,为律所业务发展和管理提供数字化底层系统支持。全云化部署的Alpha系统,是一个性能强大的法律检索工具和律师工作平台,它既是全面、专业的法律数据库,也是高效、智能的案件协作平台、律所管理平台、在线网络课程平台,能够实现律师实时学习、协同处理案件以及律所管理的智慧化,确保每位申同律所的律师都能跟上数字化浪潮。

另外,2022年,上海申同律师事务所还自创微信直播SOP手册,基于微信直播平台,开展了20期公益普法直播及多场申同专业直播,并将直播内容整理为20余万字的《青年律师职业认知174问》,展现了新时代中国律师的风采。

3)推进全链业务数字化

厦门国贸集团股份有限公司以"运营提效、协同共创、模式升级、生态构建、组织转型"为数字化发展蓝图,综合运用多项前沿技术,在供应链运营数字化、数据资产数字化、智慧物流、智能仓储、健康医疗大数据应用等领域持续开展数字化转型实践工作。

"国贸云链"项目致力于提供适用于各类大宗商品供应链的解决方案,以提高产业链运营效率。"国贸一线上商旅服务"项目集线上订票、审核、报账于一体,助力公司大幅降本增效。"ITG 人力驾驶舱"项目是人力信息整合的一站式平台,可实现"一键了解公司员工构成",帮助 HR 高效开展人事管理工作。"ITG 星际启航"项目开发了一站式入职小程序,不仅实现快捷入职,还作为员工理解公司的资讯平台,全面优化员工的入职体验。"电子劳动合同"项目革新了劳动合同签订流程,实现了缩减合同签订时间、流程清晰便于保存、减少纸质合同堆积、实名认证合法合规等理想效果。"国贸学堂"项目则突破学习的时空限制,提供智慧课堂和1000+S级线上精选课程,打造高效优质的学习平台。

4)极速办公数字化软件培训与应用

2022年受大环境影响,弗略珂公司不少员工需要居家办公。为了帮助员工提升居家办公效率,弗略珂公司开展了 Teams 软件培训与数字化管理项目,由总部 IT 部门对线上办公软件的功能、使用方法进行系统讲解和实操,使线上办公软件成为大家居家办公的得力助手,有效解决了居家办公中的沟通和效率问题。

5)模式升级,让零售"数智化"

震亮化妆品有限公司的数智化建设主要围绕三个方面展开。首先是通过数智化实现"全域一盘货",打通线下代理商/门店 pos 系统,让数字智慧赋能代理商/门店,减少货品积压、日期不新鲜、缺货等问题,帮助生意伙伴运用数智化进行决策,提升业绩。其次是自建 BI 看板,梳理关键指标,以直观图形展示抓取的数据,为商业决策提供数字化支持。最后是线下生意线上化,该公司自建 2B 线上平台,梳理产品 sku,根据层级开放权限,实现产品下单可视化。

7.1.2 数智化创建业务上的新平台

1)上线文化和服务数字化平台

2022年,高博文化和福利数字化平台上线项目在内部4个业务单元(BU)成功上线。由全面薪酬团队统筹各业务单元的实际需求,将文化平台内嵌至公司办公软件飞书系统,员工可及时关注公司内部资讯和最新行业动态。福利平台采用积分兑换制,提供海量SKU供应及产品选择,充分满足员工需求。同时,公司创建了属于各业务单元的俱乐部专区,强大的报表及数据导出功能方便进行具像管理。

这些新技术的运用,使 HR 从日常事务中解脱出来,能够将更多精力用于设计更具温度感、体验感的福利改造项目,有效提升福利管理效率,而福利平台的自主化、便利化,极大地提升了员工的福利体验和对公司福利关怀的满意度。

2)构建高效智能的数字化园区服务管理平台

作为长三角一体化的示范标杆园区,长三角绿洲智谷·赵巷通过运用数字化平台,将科创载体运营、资产管理、企业实时信息收集、企业服务等科创管理及服务业务从线下转移到线上,营造出集成无感化智慧办公、智能楼宇等智能物联的园区氛围,全面提升园区的管理效率、服务质量和入孵企业的经营体验。例如,长三角绿洲智谷·赵巷开发的"i智谷"小程序,以数据化平台和信息化运营为基础,集成智慧门禁、会议预约、智慧餐饮、智慧停车、公益扶贫等10余项高频服务,打造出便捷高效的园区生活服务生态;园区智慧餐厅引进专业的软件平台及智慧硬件设备,对用餐服务、菜谱设计、食品安全、营养摄入、热量分析等多方面进行了数字化升级,提升了园区餐厅智能、舒适的就餐服务体验。

3)建立全条线对齐的数字化内部协作平台

随着全面数字化时代的到来,数字化重塑了组织与员工的管理模式。西井科技有限公司通过核心业务流程的数字化已成为一家数字化公司,展现出突出的数字化组织能力。西井科技依托全新的西井WellOS数智化管理系统,建立了一套标准且可优化迭代的流程管理模式,一个全条线对齐的数字化内部协作平台,以及一套全生命周期的规划、管理、监督和沟通的精益流程管理体系,实现企业管理数据及信息的收集、整合和分析,打造了一个能够快速响应全球化业务推进中的个性化需求的业务协同平台。

WellOS系统涵盖产品设计、研发、商务、客户关系管理,以及项目管理从立项到交付的全周期流程。围绕公司的智能化数字业务,构建一套长期运营的精益化管理体系,实现高精度、高时效、高可靠性的数字化能力,全面提升公司产品和服务质量。以系统中的商机管理模块为例,前台销售的线索会及时同步至支持部门,后端团队能更迅速地响应业务端的需求,将用户需求具体化并传递到研发、供应链等各部门,通过数据管控,掌握所有环节的进展,转化为实际订单。目前,西井科技的业务已辐射到全球16个国家和地区,服务160余家客户。

在人力资源数字化方面,西井科技秉承"取智于人,用智予人"的理念,WellOS系统为员工提供"以人为本"的云协作工作体验,为员工搭建共同成长的优质平台,共建和谐、共赢的理想职场环境。

此外,以系统的OKR的有效落地为抓手,鼓励创新,提供完善的人才管理培养体系、行之有效的人才激励政策,以及丰富的人才福利体系,定期举办员工福利活动,营造轻松、自主、创新的企业文化氛围,提高员工的获得感、幸福感、安全感、归属感,为公司全球业务发展提供可持续的人才支撑。

如Wellbingo积分模块,对员工除业务目标外的持续成长、协同合作、知识流转、组织文化等行为进行持续激励,不限定于SOP文档编写、优质内推候选、拍摄项目素材、演讲分享等模范行为,内部进行积分排名,同时按照积分给予相应的奖励。

4)推出"数智化+"战略文化平台——东东墙

东东墙是迪马股份有限公司旗下地产板块东原集团的战略文化平台,负责传递集团的战略导向;是员工的虚拟HRBP,一系列功能助力新人融入;也是知识平台,提供专业类、职业类等丰富的线上课程,彰显东墙"简单、直接、开放、包容"的文化底色。

遵循上述使命,东东墙主要设置了以下四大类功能:

①数字化交流。在东东墙里,每个员工都拥有自己的主页,可以自由地和平台上的内容/用户互动,也可以直接向高管提问,沟通方式丰富多元。

②员工认可。平台设有四大认可体系,分别是东东墙积分、东东懂积分、线上勋章认可、特殊身份标识,覆盖员工文化认同、线上学习、业务能力等多个维度,具有及时性、互动性、公开性及强大的传播能力。积分可在东东墙线上积分商城消费,打通精神与物质"认可"的双向流动通道。

③云端培训与数字化学习平台。员工可以在该平台进行自主学习,并获得完整的学习过程记录和个人学习档案。

④云年会。举办线上年会时,可利用东东墙开展云端颁奖,将年会打造成一场微型"元宇宙"场景体验。

此外,东东墙在运营上也有一些创新的运作方式:

登录东东墙的动作被称为"翻墙",公司在墙内发布的战略类文章仅为内部员工课件,既保证内部重要信息能让全员知悉,又能确保信息传播的安全性。

打造"墙君"人设。"墙君"既是企业文化的传播者,又是东东墙的运维者,也是员工心目中的"AI"企业文化标志,上能传达战略,下能与员工进行点对点社交,实现与组织的全方面触达。

线上虚拟HRBP。引入游戏关卡机制、趣味任务、丰富百科,助力新员工快速了解文化、融入组织,让员工在东原的每一天都过得有心有趣,有你有"墙"。

经过5年的升级迭代,东东墙已发展成为自主研发的原创平台,使企业文化在员工端"触手可及",成为企业文化落地的重要手段。

5)打造贯穿员工职业生涯的数字化职场平台

适新科技有限公司秉承"以人为本"的企业核心理念,打造贯穿员工职业生涯的数字化职场平台,将人力资源各模块的数字化应用高效集成在OA和企业微信上,除了将企业微信作为内部沟通的即时通信平台,还将OA构建成一个组织无边界的内部沟通协作平台,实现流程管理全程电子化。在此基础上,该公司利用集团生态,在电子通信、健康医疗、育儿、养老等板块均能为员工及其家人提供全场景关怀,并结合丰富的员工关怀,例如引入关爱通福利平台,员工可自主选择年节福利,满足员工的个性化需求,真正为大家提供以人为本的数字化体验。

6)搭建一体化的招聘系统,人人都是好"猎头"

施维雅(中国)投资有限公司将内部推荐作为十分重要的招聘渠道,为了形成良性的内推文化,达到快速、高效、高质量的招聘效果,自2017年起,公司逐步完善内部推荐政策,并搭建一体化招聘系统,以全面支持"推荐—面试—入职"全流程的人才吸纳,并不断进行数字化创新。

在具体做法上,施维雅(中国)投资有限公司一是完善内推政策,公司从推荐机制、推荐奖金、推荐流程三个方面进行了全方位的改进。二是提高渠道可及性,公司在微信公众号"施维雅招聘"上开发内推门户,并创新设置了职位卡片功能,员工在进行推荐或传播时,只需生成一张职位图片,上面会包含所有职位信息,被推荐人可以一键投递简历,十分便捷。该公司还引入了先进的AI机器人"施小雅",内嵌于微信招聘公众号上,可用于了解公司信息、查询职位空缺情况、引导内部推荐等,7×24小时不间断工作,满足不同班制和作息员工的内推需求。三是打通推荐流程,通过一体化的招聘信息系统将所有渠道进行归拢,从内部推荐简历的输入、面试流程的追踪,到合同签订阶段和后续跟进入职及伯乐奖的发放,形成一体化的全流程、可视化管理,大幅提升了运行效率。

结合数字化建设开展的内推政策效果显著。施维雅(中国)投资有限公司提供的数据显示,2019年至今,通过内推入职的员工占到全部入职员工的60%以上,满足了业务发展的人才需求。此外,通过内部推荐填补的职位,其招聘周期相较于其他途径也显著缩短。

7.1.3 数智化推动不同企业和员工的双层发展

1)人力资源信息化体系建设

为持续推进数字化对人力资源工作的赋能,并建立起匹配数字化转型后的工作能力,中金公司组织了HR数字化人才社区"π"。"π"意味着数字化需要不断迭代和沉淀,也意味着未来的人才需要在"T"型人才的基础上增加数字化能力,即升级为"π"型人才。在项目的具体实践方面,HR数字化团队成员与各HR小组的核心成员会建立一对一的伙伴(Buddy)机制,保持日常沟通频率,交流数字化落地经验,并将讨论内容沉淀,再进行内部宣传。

基于公司数字化转型背景,中金公司的HR数字化团队通过RPA+VBA等自动化手段,将人力资源内部每日频繁、重复的简单操作进行自动化处理,例如入离职过程中的数据登记和邮件通知等,进而实现全业务流程100%自动化,充分释放人力,提升工作效率。

此外,中金公司还打造了HR管理驾驶舱,通过该平台,管理者可实时获取人力资源指标数据及可视化报表,为管理决策的制定提供强有力的数据支撑。

2)移动学习社交化提升员工学习满意度

移动学习从单一的阅览模式向多元丰富的交互形态转化,是未来保持和吸引企业员工持续学习的有效方法。凯爱瑞(中国)有限公司从2019年开始引进移动学习平台,为员工提供丰富的课程资源及互动体验。

移动学习平台创新性地将学习场景"社交化",有效激发了员工的学习热情,还把学习内容以"项目化"的形式展现,让传统的线下项目模式转化为线上与线下串联的新模式,学员会在项目中自主进行线上模块的学习,在线下将学习的工具与知识点应用到工作场景,并阶段性地在线上进行互动反馈(如阶段性汇报、线上辅导等),学员和导师保持进程沟通。

这种"社交化学习"与"项目化学习"相结合的方式,丰富了员工学习的乐趣与活力,不仅对员工的学习发展起到了积极影响,也收到员工的积极反馈,公司在2021年开展的敬业度调研显示,员工对"学习与发展"的评分较2019年提升了15%,达到83%。

3)开展"双创"提升企业数字化创新能力

金域医学集团将"创新驱动发展"作为战略指导思想,积极营造"全员创新、全链创新"的双创氛围。自2019年启动"双创"活动以来,金域医学集团以"QC小组"活动为抓手,从"问题解决型课题"和"创新型课题"两种类型入手,以技术创新、管理创新、经营创新持续推进全员创新,为集团高质量发展赋能加速。这一机制有效激发了员工践行创新的积极性,促进了数字化与智能化创新成果的推陈出新。截至2022年末,金域医学集团已开展4329个"双创"课题,员工参与人数超过2万人,各类"双创"活动产出的成果累计产生经济效益超6亿元。部分小组课题还取得了国内外相关行业的荣誉,提高了金域医学集团的社会影响力。

7.2 人机共存的职场环境——数智化时代职场生存观

目前,很多同学都存在这样的疑问:别人无法轻易取代的职业究竟在哪里呢? 一方面,外部环境的不确定性使我们感到越来越焦虑;另一方面,外部环境的快速变化又倒逼我们必须做到心中有数。很多时候,困难和压力本身并不会让我们感到惧怕,真正令我们焦虑不安的是"失去努力的方向"。

此外,职场中存在一个残酷的真相:企业所渴求且不惜重金聘请的往往不是普通劳动力,而是人才。与此同时,在算法开始主宰我们生活的数智化时代,企业在积极追求自动化带来的经济效益的同时,人们也察觉到了劳动力的贬值。对未来职场生存的恐惧在人们心中开始蔓延,寻求职场安全感、降低风险,已然成为职场人之间心照不宣的选择。那么,大家所关心的答案、出路及解决方案究竟是什么呢? 一句看似"正确的废话"是:在把握趋势的同时构筑真正的优势。然而,要真正理解这句话,需要思考以下两个核心问题:

①我们是否已经进入了一个由机器取代人类的时代?

②哪些能力是只有人类才具备,而机器、算法或任何一种新技术都无法取代或难以取代的呢? 在数字时代的今天,我们需要成为什么样的人?

要回答第一个问题,首先应当看清"数字化转型时代"的趋势背景。

7.2.1 数智化转型时代的趋势背景

从2017年开始,数智化转型已成为全球经济发展的趋势,数智化转型和数字技术的应用给我们带来的变化,比信息技术(IT)过去20年所带来的变化要剧烈得多,可以说其影响力席卷了各个领域。

在技术层面,六大类数字技术(图7-1),即移动互联网、物联网/增强现实/虚拟现实、社交媒体、大数据分析、区块链、云计算(Mobillity、IoT/A/VR、SocialMedia、Analytics、Blockchain、Cloud,简称MisABC)正处于快速发展之中,由大数据算法驱动的人工智能技术正逐渐渗透到我们的生活中,数据与算法正在颠覆我们的生活方式和工作方式。

图7-1 六大类数字技术

引用《数字蝶变:企业数字化转型之道》作者赵兴峰老师的话:"数字智能硬件和信息化软件的普及为我们采集并沉淀了大量的数据,而且这些数据的数量还在不断增加,对这些数据的加工利用,正在创造无限的可能性……"

从企业的角度来看,算法正逐渐渗透并取代管理者的部分决策职能,管理者未来的角色可能会升级为业务算法工程师;越来越多的企业意识到,未来企业的竞争优势等于"数据×算法×算力"。数字技术已成为新的、更高维度的竞争优势;同时,拥有数据和算法的企业正在对传统产业进行整合,互联网和高科技企业正借助数字技术向传统产业渗透。

现实情况是,算法(或者说机器)已经在很大程度上主宰了我们的生活,算法管理也已成为现实,其影响力随着时间的推移而日益增强。

关于人类是否会被机器彻底取代的问题,在社会和商业领域已经引起了广泛的讨论,甚至还出现了一类网站,人们可以在上面查看自己的工作在20年内实现自动化(被机器取代)的可能性。

然而,答案是,算法(或者说机器)不会彻底取代人类,算法管理存在其无法企及的边界,仍然需要人类的参与和监督。更确切地说,人机并存才是正确的道路,人与机器相互协作

（而非彼此竞争），才能实现所有人的利益最大化。埃森哲早在2018年的一份报告中就指出，新技术（如人工智能）最好能与人类合作，只有将双方特有的能力相结合，才能产生更优的结果。从这个意义上看，这并非一场人类与机器的竞赛，而是一场机器之间相互参与的竞赛。

关于第二个问题，其核心是围绕"人类的核心及专有能力"是什么展开讨论。

7.2.2　人之为人，能力的意义与建构

回顾历史，早期人类主要从事体力劳动。工业革命的兴起使机器逐渐取代了那些需要耗费大量体力和重复性动作的工作，从而解放了人类的身体。这一转变促使人们的关注点转向大脑，进而能够进行更广泛、更深入的脑力劳动。然而，当今时代出现了一种新型的"超级大脑"——人工智能，其认知能力远远超过了人类。一个标志性的事件是棋手李世石与阿尔法狗的"人机大战"，李世石以1:4落败。这场比赛之后，人们几乎普遍接受了人工智能在棋艺水平上已经超越人类棋手的事实。

这引出了一个关键问题：在机器取代了人类的体力劳动之后，如果算法再取代了人类的脑力劳动，人类还有出路吗？进一步思考，这甚至是一个令人深思的哲学问题：人类是否还有存在的必要？

然而，我们不应忽视，除了身体和大脑，人类还拥有"灵魂"和"意义建构"的能力。这是任何数字技术或机器都无法企及的，它符合我们作为人类的内在欲望，是我们独有的能力，赋予我们值得全力追求的价值。

世界经济论坛发布的《未来就业报告》强调，在不久的将来，人类必须具备解决复杂问题的能力，具备批判性思维，富有创造力，并具备管理能力。这些能力相互作用，实现意义建构，而这一点只有人类才能做到，它们构成了未来职场生存必备的技能组合。

进行意义建构所需的能力包括：

①批判性思维：面对复杂的形势，我们需要判断未来的机遇所在，确定重点，筛选必要的信息，忽略无关的信息。

②好奇心：好奇心是员工业绩的有力预测因素，与批判性思维结合，可以成为人类的强大武器，为企业创造价值。

③反应敏捷：反应敏捷是人类特有的能力，算法不具备这种能力。

④想象力：想象力是一个填补空白的动态过程，能够提升我们"用创新思维解决问题"的能力。

⑤创造力：没有想象力，创造力无从谈起。创新过程需要想象力，当我们提出新的观点和解决方案时，需要发挥创造力，但首先要有想象力，从不同角度看待现实。从不同角度看问题，或许就能找到解决问题的新方法。

⑥情商：情商是一项宝贵的社交技能，帮助我们以最理想、最有益的方式与他人沟通。高情商的人能正确处理自己的情绪，并利用这种能力提高效率和业绩。如果算法成为"新同

事",我们需要学会与其合作。(许多科技公司都希望为人工智能加入情商。)

⑦同理心：同理心是人类独有的能力，让我们能够接纳他人的情感，包括优点和缺点。算法依据明确的运算规则运行，旨在优化结果，无法深入理解和接受外部环境。

⑧伦理判断：领导者需要进行伦理判断，以做出符合伦理道德的决策，这是人类的强项，算法在这方面无能为力。由于道德的复杂性，我们无法将商业任务简单地转化为算法的工作。

在理解了现实世界的"应然"和"实然"之后，最关键的问题是找到出路，即未来我们应如何应对。

7.2.3　未来应如何做？

根据前文提到的"同时构筑真正的优势"的思路，我们可以从以下方面着手：

①成为数字时代核心要素的使用者（晋级为数智化人才）。例如，思考在人类所创造的算法中，我们能发挥什么样的作用。这包括理解算法的基本原理和应用场景，掌握数据收集、分析和解读的基本技能，以及熟练使用各种数字工具和软件，提高工作效率和创新能力。

②选取算法/机器无法企及/无法进行"意义建构"的工种。深耕围绕人类特有/专有的批判性思维、好奇心、反应敏捷、想象力、创造力、情商、同理心、伦理判断能力等进行思考，自我检视，评估自身具备哪些能力，找出需要这些能力的对应岗位，进而精益求精。通过这些方法，我们不仅能够适应数字时代的挑战，还能在职场中找到自己的独特价值，实现个人和职业的双重发展。

7.3　数智化如何提升工作效率

7.3.1　数智化提升工作效率的途径

数智化管理是现代企业管理的一个重要方面，其目的在于提高工作效率，优化管理模式，实现企业可持续发展和创新能力的提升。数智化管理通过信息技术的应用和整合，打破了传统管理模式的限制，使企业管理更加便捷、快速、高效。数智化办公环境如图7-2所示。

首先，数智化管理的优势在于工作流程的优化。数智化管理可以整合企业现有的信息技术，通过流程自动化和信息共享，实现工作的高效管理和处理。数智化管理可以提高工作效率，减少人为错误和重复劳动，从而提高企业的生产力和效益。

其次，数智化管理有助于信息化和标准化。数智化管理可以将各种管理活动整合到数字平台上，实现信息共享和高效沟通，并为企业制定标准化流程奠定基础。通过数智化管理，企业可以更好地管理和掌控资源，提升企业的综合管理水平，使之更加精细化和智能化。

图7-2 数智化办公环境

最后,数智化管理的实现方法多样化,可以根据企业的不同需求进行个性化的应用。例如,数智化管理可以用于企业数据分析,对业务指标进行统计分析,为企业决策提供科学依据。数智化管理还可以在企业内部实现项目管理,协调各部门的工作,降低管理成本和风险。数智化管理还可以用于营销和客户管理,加强企业与客户的互动和服务,提高企业的市场竞争力。

数智化管理是现代企业管理的发展趋势,也是企业实现数智化转型的必然选择。数智化管理可以提高企业的管理效率和综合竞争力,带来良好的经济效益和社会效益,为企业的可持续发展奠定坚实基础。因此,企业和个人要加强数智化管理的学习和应用,紧跟科技革命潮流,迎接数字时代的挑战和机遇。

7.3.2 以服装设计行业为案例分析数智化提升工作效率的细节

此节以服装设计行业为例,分析企业应当如何适应数智化时代的快速创新要求,并为此配备相应的人才。

在此,我们先将这个命题拆分为三个关键词:"数智化""快速创新""匹配人才"。

首先来看"快速创新",在当下的环境中,快速创新看似并非高不可攀,服装设计行业常见的实现方法主要有以下三种:

其一,采用抄款或局部改款的方式。这种方式在批发市场和电商领域较为常见,通过对现有款式的模仿或稍作改动来推出新款式,以满足快速更新的需求。

其二,依靠延长工作时长的方式,也就是人们常说的"996"或"007"工作制。这是一种较为简单粗暴的方式,其理念是投入更多的工作时间以增加出款数量,认为工作时间越长,设计出的款式就越多。

其三,采用人海战术。为了快速推出新款式,企业会招聘更多的设计师,或者雇用一些所谓的设计服务公司来协助解决出款问题。目前市场上存在一些设计服务公司,它们会以500~1 000元的价格打包售卖设计图稿,然而这些图稿大多是从各类网站收集而来,缺乏独特性和创新性。

但毋庸置疑的是，上述这些方式都并非解决问题的根本之策。那么，真正意义上的快速创新究竟该如何实现呢？

1) 正规的设计流程

在探讨这个问题之前，我们先来了解一下所谓的正规设计流程。

(1) 调研阶段：素材的收集、整理与分析

一般情况下，设计工作始于调研，旨在了解消费者的喜好和需求趋势；同时，我们需要关注竞争对手的动态；由于社交媒体的普及，设计师还需要研究KOL（关键意见领袖）和网红们的穿着风格；此外，还要关注各大流行趋势网站的信息，以及品牌自身的历史数据。如果想要认真完成这一环节，最耗费时间的部分当属素材的收集、整理与分析工作，这是整个流程的第一步。

(2) 商品企划

当调研工作完成后，便会进入商品企划阶段。不同的公司对于企划有着不同的称呼，有的称之为大商品企划，有的仅称商品企划，还有些公司会将商品企划和设计企划区分开来。在进行设计企划时，主要依据调研所获取的资料和品牌的战略目标，例如品牌本年度的销售目标、品牌定位是否需要调整以及品牌预算等因素来制定企划方案（图7-3）。

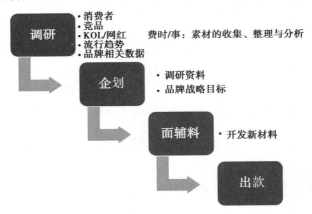

图7-3　品牌企划

(3) 设计+出图+打样

在完成企划之后，从理论上讲，设计师需要开发系列故事板，并依据故事板开发面辅料和新材料。此阶段的"出款"主要是指出图环节，图稿完成后，会由设计总监对其进行审核，通常情况下，可能还需要对图稿进行修改，修改完成后将其交付给版师和样衣工进行打样。

在此过程中，存在两个比较耗时的环节。第一个环节是设计方案的反复选择和修改，对于新手设计师而言，这一环节尤其耗费时间。另一个环节是设计师与版师之间的沟通问题。在我所观察过的众多服装企业中，几乎没有一家企业的设计师和版师之间不存在工作沟通上的矛盾。经常会出现版师认为设计师的设计稿件不合理，或者设计师觉得版师不懂审美等情况，这样的沟通过程会耗费大量的时间。

之后进入样衣的审核和修正环节,在这个环节中,样衣往往需要反复修改。对于传统的服装企业而言,样衣来回修改的次数通常至少为3次,有时甚至需要多达5次才能最终确定,之后才会进入开订货会或直接下单的流程(图7-4)。

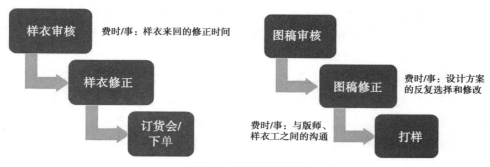

图7-4 传统设计流程

2)可改善效率的环节

从上述整个从开发调研到样衣最终成型的过程来看,如果想要提高快速出款的能力,可以从以下四个方面着手提高效率:

第一,调研阶段的素材收集、整理和分析工作。这是设计工作的基础,但在实际操作中,往往会因为信息来源广泛、数据量庞大而耗费较多的时间和精力。

第二,设计阶段的设计方案的反复选择和修改工作。这不仅考验设计师的专业素养,也涉及团队内部的沟通和协作,特别是对于新入行的设计师来说,此环节可能会因经验不足而导致效率低下。

第三,沟通阶段,主要是设计师与版师和样衣工之间的沟通。值得注意的是,还有一个实际问题,并非所有的企业都设有独立的样板房,许多企业的版房设置在工厂内,这会导致设计师与版房之间的沟通不便。当设计师需要解决某些问题时,可能不得不前往工厂现场进行沟通,从而增加了时间成本。

第四,打样阶段的样衣来回修正。样衣的修改需要反复进行,以确保最终产品符合设计要求,但多次的修改会使整个流程变得冗长。

上述这些问题在当今的时代背景下,通过人工智能(AI)和数字化技术都有一定的解决办法。在此需要补充说明的是,在谈论"数字化"和"智能化"之前,我们首先要解决"信息化"的问题。直至今日,仍有相当多的公司尚未完成信息化建设,尤其是中小企业。因此,在未来的5~10年内,伴随着数智化转型的推进,会有很大一部分中小企业由于未能跟上时代步伐而被淘汰,甚至还没来得及使用我们所提及的数智化工具就可能面临出局的命运。

7.3.3 数智化如何提高设计效率

我们来探讨数智化如何解决上述提到的问题。

首先,针对调研阶段的问题,设计师完成一套正规设计流程时,须从各大流行趋势网站搜集面料、色彩、款式等图片,如从社交媒体平台搜索相关图片,再查找竞品图片,搜索四大时装周图片,然后对大量图片进行整理、归类、分析,结合品牌定位确定本季设计方向。

AI可根据一定原则,从全网快速收集相关图片和文本资料,结合企业品牌定位和历史销售数据,特别是爆款设计,为品牌推荐产品系列。

对于设计师而言,主要的任务是做出判断:AI所推荐的内容是否符合我们品牌的实际需求? 或者是否需要基于AI的推荐进行调整呢? 无论如何,这一过程相比以往通过人工逐个查找图片并分类的方式高效得多。

以图案为例,AI对图案的推荐比其他设计要素更准确。若今年的设计主题是田园风格,想要使用"花卉"作为图案元素。如果采用人工操作的方式,设计师需要从各个渠道收集所有与花卉有关的图片。而AI能够通过技术手段从网络上搜索花卉素材,并且关键词越详细,搜索结果越精准。例如,如需"中国风格的大型花卉图案",AI可以立即推送类似风格的图片,设计师可以从众多(如1 000张)图片中快速选择。这便是AI提高设计工作效率的一种具体表现。

总体而言,AI流行趋势预测与设计能解决以下问题:

①快速收集资料:AI通过技术手段抓取网络数据,效率远超人工,且同时进行文本分析,虽中文文本分析较困难,但仍在不断进步。

②快速按不同维度分类:如款型、色彩、面料。

③提供实时动态资料:可快速延展到类似风格、颜色、品牌。

④针对企业爆款深度学习:分解流行趋势,选适合品牌元素,寻找更全面的竞品信息。

⑤判断流行元素周期:AI通过大数据学习感知搜索热度提升,告知元素生命周期阶段,帮助品牌最佳时间切入市场

再看设计、沟通、打样环节的改善,主要靠3D设计软件。在线3D设计包括面料扫描或在线设计面料(对面料设计师提出新要求)、人台上建模打板、试样调整等,图7-5展示了一家科技公司的AI建模设计。现实中修改样衣需做多件实物修正,而在线试样只需一次实物打样,最后将包含人台、尺寸、面料等设计要素的技术包给工厂或板房打样即可。

视频来源:
STYLE3D

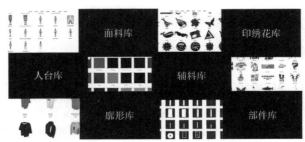

图7-5　AI建模设计展示

7.3.4 数智化人才发展

在前面的学习中,我们已经通过两个具体案例探讨了AI设计和3D设计等技术软件如何在某些环节助力我们提升创新效率。接下来,我们仍以设计行业为例,聚焦于数智化人才这一关键要素。

第一,现实状况分析。在新技术的学习与应用方面,一些跨国公司以及世界500强企业已经走在了前列。例如,部分企业已经开始对员工进行3D设计软件的培训,并积极探索AI设计以及流行趋势的应用。然而,我们也注意到,并非所有设计师都对机器技术充满热情。实际上,有相当一部分年长且资深的设计师至今仍不太倾向于使用计算机绘图,他们更偏爱传统的手绘方式。

第二,学习新技术的投入考量。学习新技术无疑需要企业与员工的共同投入,这包括时间与财务资源。例如,某服装公司在设计师培训过程中发现,尽管部分设计师经验丰富,却拒绝学习机器技术。企业为了说服这些设计师并进行有效沟通,不得不投入额外的成本。

第三,新技术的成熟周期。新技术的成熟并非一蹴而就,需要经历一定的时间。例如,在实际使用过程中,3D设计软件常常会出现各种问题。不过,这其实是所有新技术在发展初期都会面临的情况,未来5~10年的时间内,3D设计软件有望在行业内得到广泛普及。

面对这样的发展趋势,无论是个人还是企业,都需要积极适应这一变化。首先,学校、企业以及个人都应认识到世界正变得日益多元化。我们不应期望所有人都成为同一类型的设计师,而是要鼓励和培养不同专长、不同风格的设计人才,以满足多元化市场需求,如图7-6所示。

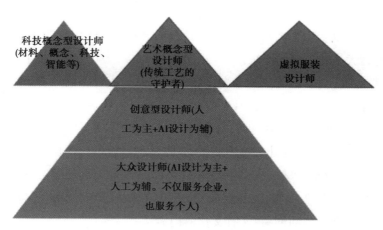

图7-6 数智化人才发展

随着科技的不断进步和市场需求的日益多样化,未来设计师的职业发展将呈现出新的趋势,主要分为以下三类:

第一类是概念型设计师。概念型设计师的核心使命是创新,他们的工作重点在于激发后续创意型设计师和大众型设计师的技术应用和灵感。根据工作内容的不同,概念型设计师又可以进一步细分为:①科技概念型设计师。这类设计师专注于材料创新、概念化、科技创新以及智能创新等领域。例如,智能穿戴设备的设计就是科技概念型设计师的工作范畴。他们通过不断探索和实验,推动科技在设计领域的应用,为行业带来新的突破和灵感。②艺术概念型设计师。艺术概念型设计师是传统工艺的守护者。他们的作品可能并不以商业销售为主要目的,但具有极高的艺术价值和文化意义。例如,郭培的设计作品虽然不适合大规模销售,却非常适合在博物馆中展示。这类设计师在传承和弘扬传统文化的同时,也为后代留下了宝贵的文化遗产。③虚拟服装设计师。随着虚拟世界的兴起,虚拟服装设计师这一新兴职业应运而生。他们设计的虚拟服装可以被用户"穿"在个人照片上,满足了消费者在虚拟空间中的个性化需求。这种设计不仅拓展了设计的边界,也为时尚产业带来了新的商业模式。

第二类是创意型设计师。创意型设计师需要具备独特的思维和广阔的视野。他们的设计以人工设计为主,辅以 AI 设计工具,强调个人创意与特征。这类设计师通常以其设计师品牌为代表,虽然也以销售为目的,但并不追求大众化和规模化。他们的作品往往具有独特的风格和创新性,能够吸引特定的消费群体。

第三类是大众型设计师。大众型设计师的主要任务是设计出能够满足大众市场需求的产品。他们的设计注重实用性和商业价值,以确保产品能够被广泛接受和购买。在未来,随着 AI 技术的发展,大众型设计师的部分工作,如抄款和改款,可能会被 AI 替代。然而,这并不意味着大众型设计师将失去其重要性,因为他们仍然在理解和满足大众需求方面发挥着关键作用。

面对未来设计师职业发展的新趋势,教育体系也需要进行相应的调整:

①职业学校:可以专注于大众型设计师的教育,培养具备实用技能和商业意识的设计人才,以满足市场对大众化设计的需求。

②大学院校:则应更多地关注创意型设计师和概念型设计师的培养,注重培养学生的创新思维、艺术修养和科技应用能力,为设计行业的高端发展提供人才支持。

在未来的设计师职业发展中,我们需要"两条腿走路":既要传承中国传统文化,又要积极拥抱科技。虽然不是所有设计师都需要精通科技,但科技的广泛应用是不可阻挡的趋势。重要的是,我们要让科技为人服务,而不是单纯为了使用科技而使用科技。设计如果脱离了文化,数智化将失去其核心价值。因此,我们在追求科技应用的同时,必须始终坚守文化根基,确保设计作品既有科技的创新,又有文化的内涵。

7.4　职场中的数智伦理

7.4.1　人类如何走出人工智能伦理的困境

2022年3月，中国印发了首个国家层面科技伦理治理指导性文件——《关于加强科技伦理治理的意见》。该意见指出，重点加强生命科学、医学、人工智能等领域的科技伦理立法研究，为新兴技术伦理治理设置了"红绿灯"。

重点谈一下当前最热门的人工智能技术。人工智能越来越多地渗透到我们日常生活的方方面面，人类社会在加速迈向智能化、数字化的同时，科技伦理问题也紧随而来。如机器人击败人类围棋世界冠军、自动驾驶事故频发、虚拟人引起职场焦虑、人脸识别泄露隐私安全等，很多人开始对科技伦理问题表示担忧。

人工智能也会引起就业恐慌，伴随AI技术的飞速发展，虚拟人快步走向商业化。而眼看着一个个身怀绝技的虚拟人走进职场，"打工人"越发担心自己的"饭碗"被抢走。要知道这些虚拟人可不只能做到"996"，还能做到"007"，甚至可以全年无休，连工资都不用给。

人们已经认识到人工智能是把双刃剑，对待它的态度是复杂的。比如特斯拉公司CEO马斯克，一边警告人工智能"脱轨"发展是人类当前面临的三大威胁之一，要避免彻底开发人工智能；一边又在积极开发与人友好的人工智能，通过脑机接口技术寻求人类和人工智能共生之路。

有专家指出，目前，人工智能伦理治理主要涉及四大难点：一是可控性和安全性，二是可靠性、精确性和稳定性，三是可解释性和透明度，四是问责追责问题。

其实对于任何技术来说，都不能脱离法律法规、社会道德、行业规范等约束条件而无序发展。在这一点上，人工智能也不例外。在合法合规、合情合理的框架下，人工智能只会发展得更好、更健康。

人工智能已经对整个人类社会产生了深刻影响。能力越大的技术，越是需要妥善治理好。人工智能既是我们创造美好生活的重要手段，也是需要进行妥善治理的对象。然而截至目前，人工智能伦理治理还是一个新命题，没有太多历史经验可以参考，整个行业也在"边发展边治理"，逐步完善法律法规和凝聚道德伦理的共识。

在人工智能预警方面，有一位学者早有觉察，走在了世界前面，他就是著名人类学家、拯救人类行动组织理事长胡家奇。早在2007年他的著作《拯救人类》一书中就提出，人工智能技术终将产生自我意识并取代人类。因为技术的发展速度要快于生物的进化速度，当人工智能发展完善后，可能会导致人类灭绝。又过了7年，霍金说出了类似的话，人工智能早晚会自我意识觉醒，如果到那个时候，我们想控制它就难了。

特别要提到的是,从《拯救人类》出版至今,胡家奇通过各种渠道和方式,不断提醒着全世界,"我们人类不能够全面准确判断科学技术的安全性","不能够理性使用好科学技术","科学技术有灭绝人类的能力,就在前方不远"。

随着科技进步和时代发展,人类开始正视人工智能的风险问题。不仅指人工智能,还包括所有科学技术。当人类没有能力完全把控时,要警惕科技的发展,限制科技的发展,以免带来无法预知的灾难。

7.4.2　网络环境下数字化信息服务伦理建设

随着现代信息技术的快速发展和网络的迅速普及,信息服务方式正朝着以数字化信息为基础的网络服务方式转变。各类信息服务机构,如图书馆等,正在加速数字化信息资源的转换并建立各自的特色数据库,开发数字化信息服务平台,主动将信息服务拓展到广域网服务,以满足用户快捷、方便地获取所需信息的要求。据专家预测,在未来3~5年,信息服务将主要在互联网上进行。这就预示着信息服务将主要依托数字化的信息资源,服务的方式将主要是网络服务。然而由此引发的数字化信息服务伦理问题,如知识产权保护、隐私权保护、信息资源的合理使用、信息安全问题等将会更加突出。特别是在目前我国信息领域中法治建设还不够完善、社会监管还不那么到位的情况下,切实加强数字化信息服务伦理建设,可确保以数字化信息为基础的网络服务更加有利于读者,有利于推进信息资源共享,确保用户自由地获取和利用信息资源,有利于保护知识产权,确保信息安全和保护用户隐私权等。

1)目前数字化信息服务的伦理问题及原因分析

数字化信息服务伦理是指信息开发、信息传播、信息管理和信息利用等方面的伦理要求、伦理准则、伦理规约,以及在此基础上形成的伦理关系。由于数字化信息的载体是以声、光、电为介质的,具有"脆弱性",容易被修改、窃取和非法传播使用等特点,因此在为读者带来快捷、方便、高效、自由利用资源的同时,也产生了相关的伦理问题。

(1)平等、自由地获取数字化信息问题

读者获取数字化信息,依赖计算机设备和网络,以及其有一定的经济能力和文化素质,如计算机知识、网络知识、英语水平和信息检索技能等。若读者不完全具备上述条件,就无法平等、自由地享受到数字化信息服务。

(2)个人隐私权保护问题

在数字化信息服务中,读者个人隐私受到了严重威胁。用户登录、信息咨询或传递信息时,常被要求提供个人信息,同时计算机管理系统也能够有效地保存用户的使用记录。这就使读者的个人隐私信息可能通过网络外泄。此外,在收集、使用读者个人信息之前没有告知对方,在开展信息咨询服务时,将搜集到的特定个人信息提供给了第三方等。这些做法实际上都造成了对个人隐私权的侵犯。

（3）著作权保护问题

在使用数字化信息服务时必须考虑著作权人的利益。一是文献作品数字化的著作权保护。据我国法律规定,文献作品的数字化属于著作权法中的复制行为,复制权是著作权人的专有权,如果超出了合理的使用范围,就必须先获得著作权人的许可授权。二是网络信息传播中的著作权保护。数字化信息服务的途径就是将数字化的信息资源直接连接到广域网上,供用户查询、浏览,并下载等。这种传播方式涉及著作权人的信息网络传播权。

（4）社会伦理责任问题

信息服务机构在为读者提供数字化信息服务的过程中应承担起相应的社会伦理责任。第一,确保信息质量问题。在数字化信息资源的建设过程中,片面追求资源的数量和经济利益,而对信息的质量把关不严,造成很多错误及无用的垃圾信息。第二,确保信息完整性问题。在信息的收集、加工处理过程中,通过信息过滤使得部分数字化信息不完整。第三,人性化服务问题。目前在数字化信息服务中对读者的人性化关怀严重不足。如有些用户界面的设计不够简便,读者获取信息服务的手续还比较烦琐,忽视了对读者的必要教育与培训等。

（5）数字化信息犯罪与信息安全问题

数字化信息犯罪是指以数字化信息资源为攻击对象的危害信息安全的犯罪行为。具体表现在非法入侵、窃取他人私密信息、恶意攻击和传播计算机病毒等方面,严重影响了数字化信息的安全。此外,由于数字化信息容易受到攻击,又难以对信息资源的合理使用进行有效控制,不少读者非法对数字化信息资源进行下载、解密和不合理使用,致使翻录、套录抄袭、剽窃和盗版现象等时有发生。

数字化信息服务伦理问题的根源主要是信息技术和网络技术的快速发展,使得数字化信息服务从局域网迅速扩展到广域网,并得到了快速发展;而与之对应的伦理道德原则、规范、制度等的建设还相当滞后,还不能有效地规范和约束用户的信息行为。

2）加强数字化信息服务伦理建设的主要措施

针对目前在数字化信息服务过程中所出现的伦理问题,考虑到网络环境下数字化信息具有"脆弱性"的特点等因素,加强数字化信息服务伦理建设可通过如下途径来实施。

（1）利用新技术,加强信息的安全管理

针对系统的安全问题、信息资源的合理利用问题以及知识产权保护问题等,及时采用行之有效的口令设置、数据加密,数据隐藏、防火墙、反黑客、入侵检测、访问控制等最新技术手段,从技术上严加控制,使系统获得强有力的安全保障;从根本上控制在信息服务过程中所产生的系列伦理问题及违法违规问题。同时通过技术跟踪手段,对伦理责任主体的网上不端行为进行调查和控制,确定伦理责任主体应承担的责任,规范人们的伦理行为。然而安全与反安全天生就是一对不可调和的矛盾,随着新技术的发展总是不断地向上攀升,因此应特别重视新安全技术的运用,防止数字化信息伦理问题及违法违规问题的产生。

（2）完善有关的法律法规并加大执法力度

加强数字化信息立法工作,严惩数字化信息活动中的违法违规行为。法规制度具有强制性,不断完善数字化信息领域的立法,加大执法力度,能够协调各方利益冲突,惩治违法违规行为。法律是信息社会的最后一道防线,同时也是伦理道德的最低标准。由于法律的威慑作用,伦理道德的调节作用能够得到更充分的发挥,并最大限度地遏制不道德信息行为的发生;同时法律也对人们道德的信息行为进行鼓励和支持。因此,数字化信息法规建设为信息服务伦理提供了强有力的法律支撑,并为信息服务伦理建设创设了适宜的社会环境。

(3)加强服务伦理建设,规范人们的伦理行为

①制定伦理原则,提供伦理行为指导。

a.信息无害原则。信息无害原则是指数字化信息内容和伦理行为主体的信息行为至少对他人、对社会是无害的;其内容的无害性指的是数字化信息的正确性、可靠性及完整性。它要求在信息活动中对行为主体自身的权利和自由要有限制地享受,要尽量避免对他人、对社会造成伤害。如在信息组织中,要尊重个人隐私、避免侵犯知识产权,要确保信息客观准确;在信息传播中,要警惕一些可能对社会和他人产生负面影响,甚至引发社会动乱与冲突的信息内容和伦理行为。

b.信息自由原则。信息自由原则是指在数字化信息收集、组织、存取、传播和利用的过程中,公平、公正、平等、自由地获取和利用数字化信息及其服务。一方面所有的信息主体都是平等的,都可享受数字化信息服务平台提供的一切便利和服务;另一方面数字化信息服务是全社会性、普遍性的公共利益,而不是个人的、集团的、地区的特殊利益。因此,首先必须坚持公共性,这是用户对数字化信息服务的基本要求。所有用户享有的基本权利是均等的。其次保护用户信息利益是数字化信息服务的一项社会功能。最终实现社会利益最大化是数字化信息服务所追求的社会目标。

c.信息尊重原则。信息尊重原则包含三个方面的内容:一是对知识产权的尊重;二是对个人隐私权的尊重;三是对信息资源本身的尊重,如不妨碍信息资源的正常流动等。

d.可持续发展原则。可持续发展原则是对前三个原则的一种提升。它包含三个方面的内容:第一,应当促进数字化信息资源的可持续增长;第二,应当促进数字化信息资源质量的不断提高;第三,应当促进数字化信息资源管理体制的不断优化,以实现数字化信息服务的健康发展。

②建立伦理规范,加强伦理监管。数字化信息伦理规范是信息道德控制的基础。任何道德控制,总是先有一系列的道德规范,而后再通过道德教育和道德修养使这些规范内化为人们心中的道德观念、道德标准,从而实现对其行为的控制。它包括行业伦理规范和个人伦理规范。目前可依托信息服务领域的行业伦理规范,并不断丰富、完善和发展我国信息服务伦理规范,增加针对数字化信息服务伦理规范的内容,形成系统的伦理规范体系。建立针对伦理行为主体的个人伦理规范,为其传递正确的道德观念和价值观念,以便更好地规范他们的行为。在数字化信息服务过程中,只有自己决定自己的行为,只有自己对自己的行为负责,每个主体行为的高度自律就是其基本的道德要求。即伦理行为主体在数字化信息服务

中应自觉追求高尚的道德境界，自觉遵守各个层面的道德规范，履行自己的道德责任，并自觉监督他人的行为。

③加强信息伦理教育，倡导伦理行为自律。作为现代信息社会的公民，需要从丰富多彩的、多变的信息社会中日积月累地获取道德知识，需要理解、感悟和体验道德行为，更需要信息伦理教育的正面引导。因此，只有通过加强数字化信息服务伦理教育，使信息伦理道德规范内化为人们心中的道德观念、道德标准，培养他们的信息伦理自律能力，才能全面提升信息伦理道德水准，才能从根本上消除数字化信息服务活动中所出现的伦理问题。

3）人工智能伦理的探讨

伴随人工智能技术的飞速发展，虚拟人快步向商业化落地迈进。

> **📖 案例展示**
>
> "祝贺'崔筱盼'获得2021年万科总部最佳新人奖！作为万科首位数字化员工，'崔筱盼'今年2月1日正式'入职'……她催办的预付应收逾期单据核销率达到91.44%。"今年年初，万科集团董事会主席郁亮发布的一条微信在朋友圈刷屏。据悉，这位叫"崔筱盼"的虚拟人（图7-7）已经工作多日，而不少万科员工甚至不知道天天与其邮件往来的同事并不是真人，直到"最佳新人奖"揭晓，一切才真相大白。
>
>
>
> 图7-7　智能机器人——崔筱盼

随着人工智能技术的飞速发展，虚拟人正快速走向商业化落地。然而，正如硬币的两面，人工智能的出现也带来了多方面的社会影响。一方面，它填补了一些高危岗位的空缺，如作业环境有毒有害或危险性较高的工作，以及需要长期远离市区的工作，从而对人力资源起到了很好的补充作用。另一方面，人工智能帮助许多企业解决了"用工难"问题，并在日趋严重的老龄化趋势下，有效缓解了劳动力短缺现象。

（1）伦理治理的难点

中国社科院科学技术和社会研究中心主任段伟文指出，机器智能的发展离不开人类智能的帮助，实际上使人类智能变得更智能、更智慧，而不是机器智能取代人类智能。人工智能伦理治理主要涉及四大难点：

①可控性和安全性：确保人工智能系统的运行在人类的控制范围内，防止出现不可预测的风险。

②可靠性、精确性和稳定性：保证人工智能系统的输出结果准确、可靠，避免因技术失误导致的不良后果。

③可解释性和透明度：使人工智能系统的决策过程能够被人类理解和解释，增强其透明度。

④问责追责问题：明确在人工智能系统出现问题时，责任应由谁承担。

（2）人工智能的真正价值

旷视人工智能治理研究院院长张慧表示，人工智能的真正价值在于以人为本、造福于人。人工智能技术和伦理之间的关系是相辅相成的，而不是此消彼长。

任何技术的发展都不能脱离法律法规、社会道德和行业规范等约束条件。在合法合规、合情合理的框架下，人工智能才能发展得更好、更健康。

4）全球人工智能伦理治理的现状

目前，全球至少已有60多个国家制定和实施了人工智能治理政策，显示出世界范围内人工智能领域的规则秩序正处于形成期，伦理治理发展趋于同频。

我国在人工智能技术领域走在世界前列，在人工智能伦理治理实践方面也处于前沿探索者的位置，一些好的做法被海外讨论和借鉴。例如，政策层面，《关于加强互联网信息服务算法综合治理的指导意见》《新一代人工智能伦理规范》《关于加强科技伦理治理的意见》等的出台为科技伦理治理提供了顶层设计指导，一些发展较快的领域也出现了细分规范要求。

英国出台了首个关于机器人伦理的设计标准——《机器人和机器系统的伦理设计和应用指南》。英国金融稳定委员会（FBS）制定了人工智能和机器学习在金融服务领域的应用规范，强调可靠性、问责制、透明度、公平性以及道德标准。

美国更强调监管的科学性和灵活性，重视实际应用领域的科技伦理治理。如美国证券与交易委员会（SEC）要求企业删除一些人脸数据库，甚至包括相关算法。

欧盟监管风格趋向于强硬，先后出台了《欧盟人工智能》《可信AI伦理指南》《算法责任与透明治理框架》等指导性文件，期望通过高标准的立法和监管来重塑全球数字发展模式。

大型公司和个人在人工智能伦理治理方面也进行了积极探索。

例如，国内的旷视、京东、科大讯飞等科技企业相继成立AI道德委员会、AI治理研究院等专门组织，从企业内部开始大力推动AI治理工作落实。腾讯研究院和腾讯AILab联合发布人工智能伦理报告《智能时代的技术伦理观——重塑数字社会的信任》，倡导建立面向人工智能的新技术伦理观。阿里巴巴探索"用AI治理AI",促进人工智能可持续发展。旷视最早发布《人工智能应用准则》,并连续三年发起"全球十大人工智能治理事件"评选。

微软内设三大机构,包括负责任人工智能办公室、人工智能、伦理与工程研究委员会、负责人AI战略管理团队,分别负责AI规则制定、案例研究、落地监督等,并研发了一系列技术解决方案。

谷歌从积极和消极两方面规定了人工智能设计、使用的原则,并承诺愿意随着时间的推移及时调整这些原则。谷歌还成立了负责任创新中央团队,推动伦理治理实践落地。例如,为避免加重算法不公平或偏见,暂停开发与信贷有关的人工智能产品;基于技术问题与政策考虑,拒绝通过面部识别审查提案;涉及大型语言模型的研究应谨慎继续,在进行全面的人工智能原则审查之前,不能正式推出。

全球私募股权巨头美国的黑石集团联合创始人、全球主席兼首席执行官斯蒂芬·施瓦兹曼为牛津大学捐赠了1.88亿美元,用于资助人工智能伦理方面的研究。马斯克也曾向生命未来研究所捐赠1000万美元,教导机器人"伦理道德"。

各国的政府、企业和相关社会组织、行业组织之间正在逐步加强对话与合作,联合国也在国际人工智能治理规则制定等方面发挥日趋重要的作用。可以说,人工智能治理已经成为全球共识,且已从理念层面进入到建章立制、落地实施的阶段。对人工智能技术的动态治理,其实反过来也会促进人工智能技术本身的发展。例如,人脸识别技术在某些场景中被禁用的情况只是暂时的,治理力度的加大会推动相关技术短板被更快地补上。

5)人工智能企业的伦理责任

人工智能已经对整个人类社会产生了深刻影响。然而截至目前,人工智能伦理治理还是一个新命题,没有太多历史经验可以参考,整个行业也在"边发展边治理",逐步完善法律法规和凝聚道德伦理的共识。

有专家指出,人工智能企业面临"技术陷阱"。人工智能技术在赋能社会的同时也会带来社会价值和伦理方面的冲击,而且短期内,负面影响可能会被放大。一些企业在早期发展中如果不重视伦理问题,就会导致社会对它的不信任。例如,某科技公司改名,转型去做元宇宙就招来了一片质疑,尤其是对隐私安全方面的诟病。这时候就需要进行"伦理回调",通过企业一系列行为让人工智能变得"可信"。

科技发展过程中带来的伦理问题要进行主动回应。例如,①数据伦理问题:加强数据隐私保护和信息安全保护。②算法伦理问题:督促平台消除偏见和歧视,维护公正公平。③信息传播伦理问题:内容平台运用人工智能技术分发内容时,须保证内容健康,减少虚假信息。

仅制定伦理规范是不够的,人工智能企业应该通过这些举措,把握好一个"度",谋求社会许可证(social license),这样才能找到技术与伦理之间的最大公约数。

人工智能的应用链条很长,涉及技术提供方、系统集成方、应用软件开发方、个人开发者等企业和从业者,以及不同行业的AI产品和应用的使用者、受益者等。目前国家各方面的法律法规正在逐步完善对不同相关方的权责说明,随着行业的发展,相信未来人工智能的伦理治理路径会越来越清晰。企业在推动AI技术创新和应用的每一个过程和环节都要严格遵守法律法规,这是所有工作的红线和底线。

7.5 案例——优傲机器人在建筑领域的人机协作案例

由于优傲机器人具有极为安全的特性,并采用开放式架构,不仅易于推进更"大胆"的研究,还能够实现流命令和快速迭代;因此,欧特克选择了优傲机器人进行广泛的项目设计。

7.5.1 挑战

欧特克主要研发建筑业常用软件,并希望通过研发,打造全新的解决方案,实现客户与机器人的紧密合作,完成只有人机协作才能执行的任务。虽然制造供应链允许较小的产品公差,但在施工中所用部件的差别通常较大,这就给自动化解决方案的可重复性和处理性能带来了挑战。传统的工业机器人常常需要安装防护罩,而且只能专门执行一项任务,所以想要在高低不平的建筑工地上移动一台机器人,并将其用于不同的任务绝非易事。

7.5.2 解决方案

欧特克机器人实验室正在利用优傲机器人的协作机械臂(cobot)来解决人机交互、机器学习、绘图和智能装配系统等研究项目中的挑战。最近的四个项目如下。

1)蜂巢馆——人机交互

"蜂巢"是一座由生竹子和纤维条建成的建筑,由欧特克大学、斯图加特计算机设计学院(ICD)、欧特克机器人实验室和优傲机器人联合打造而成,旨在使用户体验到机器人制造、可穿戴设备、RFID跟踪和建筑构件嵌入智能设备无缝集成于建筑之中的无穷乐趣。这是一项艰巨的挑战。生竹子质地不均匀、很容易弯曲,而且长度和宽度各不相同。欧特克机器人实验室高级研究工程师Heather Kerrick解释说:"刚开始的时候,我们并不确定能在多大程度上利用机器人,帮助它理解任务的不确定性和变化性。我们给机器人安装了传感器,赋予它决策能力以及据此行动的权力,对此我们感到无比自豪。"

蜂巢馆建立在"缠绕站"上,参与者随机将三条竹片固定在一台优傲机器人上,机器人通过必要的动作序列,将纤维钩在竹子的顶端,构建出像风滚草一样独特的张拉整体。"优傲机器人的动作和测量都非常精确,要是换成人类在现场操作,无疑是很困难的,这就免除了使用诸多检测工具和设备的麻烦,"Kerrick说道,同时也强调了安全性。"我们正在进行实验性研究,机器人基于实时传感器数据进行运动,所以机器人很可能会做出一些我们意想不到的动作,"Kerrick解释道,并补充说如果当时她的团队采用的是更大的工业机器人,他们就无法以同样的方式让公众参与进行,而且研究项目的进展也会变慢,"但有了优傲机器人,我们的研究就可以更加大胆,因为我们相信机器人不会毁坏自己,也不会对他人造成危险。"欧特克团队成功地在三天内建成了蜂巢馆(图7-8)。

图7-8 蜂巢馆

2)矢量绘图——机器人沿路径运行

UR10机器人能够在无安全保护的情况下在开放空间里进行操作,这也让它在由欧特克研究工程师Evan Atherton制作的大热微电影《恋爱中的阿图》(*Artoo in Love*)中客串。电影中,优傲机器人UR10在公园里画肖像画。"带机器人到这个未知的地方是个很有趣的挑战。"Evan Atherton表示。他和同事们一起校准机器人,编写了一个简单的程序,指导机器人沿着投影在画布上的矢图路径前行。"UR10设计完美:它不仅小巧灵活,且十分安全。我们可以把它放在Pelican安全箱中带出去。要是换成传统机器人,就得需要一辆叉车和防护罩,这显然是不可行的。"他继续道(图7-9)。

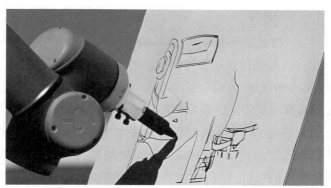

图7-9 优傲机器人UR10在公园里画肖像画

3)机器人灵活协助建筑工地作业

鉴于优傲机器人内置的安全功能,欧特克还开发了一款用于建筑工地的"机器人助手"原型,它可以在建筑工地上方便地移动。研究团队在机械臂末端安装了一个路由器、一个摄像头和投影机,并开发了机器学习软件,使机器人能够识别人类的手势和语音命令。例如,UR10可以爬上一面干墙,在墙壁上投影出一个出口,用户则可以对其进行修改,然后用语音命令通知UR10继续执行开孔操作(图7-10)。

图7-10　机器人建筑工地作业

4)智能装配系统

欧特克利用优傲机器人研究解决的另一个建筑挑战是开发一款与Brick Bot铺砖机器人协作的智能装配系统。该系统主要解决三个子问题:分拣、重新抓取和放置。通过视觉引导,机器人可以在不同尺寸和颜色的砖块中挑出一块预先确定的砖块。如果砖块的抓取姿势不对, UR10会进行视觉检查,调整位置并重新抓取,直到砖块正确地放置在夹爪中。最后的放置操作则由另一台优傲机器人——UR5完成,通过摄像头检查砖块装配。"下一次迭代就是开始实际的设计装配,例如乐高房子或玩具长颈鹿,让机器人自动把它们建起来,"欧特克软件架构师Yotto Koga解释说,并强调了员工与机器人协作的必要性,"我们选择优傲机器人的一大主要原因就是其安全性。我可以把机器人连接至我的笔记本电脑,并在它旁边工作,然后快速地进行实验迭代,而无须担心安全协议会拖慢进程。这将有助于我们取得重大的项目进展。"

优傲机器人的开放API也能够助力进程的快速推进。"通过在TCP通信协议上使用流API,我们能够对优傲机器人进行低层级控制,这将满足我们的特殊需求——因为我们需要绕过机器人自己的操作系统直接访问机器人。"软件架构师解释说。他的同事Heather Kerrick也讲述了机器人开放架构对蜂巢项目的积极影响。"构建蜂巢需要在团队和设备之间使用不同的编码语言和环境,我们可以将所有的命令简化成单一字符串,然后发送给机器人,"她说道,"对于我们部署的大型工业机器人,想要避开机器人内置的本地控制通常需要采取额外步骤或使用额外的软件,但优傲机器人就不需要这样。学习和使用优傲机器人的脚本语言也极为简单。"

知识延伸

科幻成真！人机合作走近未来

新质生产力是代表新技术、创造新价值、适应新产业、重塑新动能的新型生产力，发展新质生产力是夯实全面建设社会主义现代化国家物质技术基础的重要举措。人民网推出"向'新'而行"系列报道，用直观、形象的画面展现新质生产力激发出来的澎湃活力。

它们是工业生产中的"铁臂力士""巧手工匠"，是生活日常中的"热情员工""贴心助手"，是田间地头的"农机专家""辛勤园丁"……机器人技术，既引领未来，也赋能当下。

根据相关规划，到2035年，我国机器人产业综合实力要达到国际领先水平，机器人成为经济发展、人民生活、社会治理的重要组成部分。着眼当下，机器人在各个领域中的应用进一步走深、走实，让此前只存在于科幻片中的镜头逐渐变为现实。

1)"黑灯工厂"里的"熟练工"

什么样的工厂就算不开灯也能正常作业？

在山东临工的车间，工业机器人给出了答案。在智能化的"黑灯工厂"，从原材料运输到此后的每个环节，工业机器人都能够按照指令作业，无须人工现场操作。而这些工业机器人来自国家级"专精特新"企业中科新松。得益于多年来在这一领域的自主研发与精工制造，该企业目前拥有的协作机器人产品矩阵已覆盖服饰纺织、汽车、3C、半导体等多个领域。

与传统工业设备相比，工业机器人不仅更加智能、更有效率而且更加安全、更具性价比，可谓优势明显。作为工业大国，我国工业机器人应用场景丰富、加速落地，目前已覆盖国民经济60个行业大类。与此同时，我国工业机器人市场规模快速增长，连续13年居世界第一位，并连续两年市场份额超全球一半。

2)衣食住行中的"好帮手"

在服务领域，"铁皮疙瘩"摇身一变成了"得力帮手"。

如今，机器人替人工分担简单劳务的场景已不鲜见——在家中，扫地机器人钻下探出，把灰尘脏污尽收囊中；办公位旁，快递机器人前后穿梭，将包裹外卖精准送达；高楼窗外，擦窗机器人"壁虎漫步"，让玻璃内外都透亮明净……

未来，以人形机器人为代表，机器人在更多复杂服务场景下的应用值得期待。

在优必选科技的实验室里，研发团队正结合"上楼梯""叠衣服""拧瓶盖"等一系列复杂动作对研发中的人形机器人进行调试。

与普通机器人相比，人形机器人在结构、硬件、算法上有显著差异。例如，人形机器人的关节数量在40个以上，远超普通机器人，因此它能够更加流畅地实现复杂动作，以满足更多服务需求。

2023年10月印发的《人形机器人创新发展指导意见》提出，在"服务特殊领域需求""打造制造业典型场景""加快民生及重点行业推广"等方面拓展场景应用,并提出到2025年培育两三家有全球影响力的生态型企业和一批专精特新中小企业等具体目标。随着机器人产业快步向前发展,未来生产生活方式将迎来深刻改变。

3)田间地头上的"农技师"

本是农忙时节,在重庆的一座果园内,却不见种植户的踪影,取而代之的是一台机器"小蜜蜂"在日头下奔忙。这台"小蜜蜂"就是重庆迪马公司生产的农业机器人,通过远程操作,每小时能够完成20~40亩果园作业。这款机器人不仅"勤快"而且"能干"。根据农业生产中的不同阶段,它可以通过更换模组,实现施肥喷药、除虫除草、采摘运输等技能"样样精通"。

近年来,我国智慧农业发展势头强劲,规模屡创新高、应用不断普及。数据显示,近5年我国农业机器人需求量增长率保持在38.6%。

生产工具的科技属性强弱是辨别新质生产力和传统生产力的显著标志。作为更智能、更高效、更低碳、更安全的新型生产工具,机器人进一步解放了劳动者,削弱了自然条件对生产活动的限制,拓展了生产空间,为形成新质生产力提供了物质条件,推动生产力跃上新台阶。

单元练习

一、填空

1.客服聊天机器人可_____小时在线待命,并以类似聊天的方式即时解决客户疑问,帮助客服人员拦截并解决基础、常见问题,提高客服效率。

2.想象是一个_____的动态过程。想象力能够提升人们"用创新思维解决问题"的能力。

二、讨论

1.数智化如何拓展职场业务,你认为这些创新点对你未来的职业选择有什么影响?

2.在数智化技术快速发展的背景下,人工智能伦理问题如何影响你的职业道德观念?

3.你认为在数智化背景下,哪些行业将会发生最显著的变革?举例说明。

三、实战

模拟一个职场数智化场景,与团队成员共同创建一个数据协同工作平台,并尝试解决协作中的信息共享问题。

第8章　数智化创新与个人成长

一、知识目标

1.了解数智化创新项目设计流程与注意事项,掌握数智化创新项目从策划到实施关键步骤,以及在此过程中需要注意的问题。

2.了解并清晰认识到数智化时代,提升个人数智化素养对职业发展的重要性。

3.掌握提升员工数智化素养和技能的途径,了解并掌握多种提升数智化素养和技能的方法,包括在线学习、实践锻炼等。

4.理解数智化媒体时代企业品牌建设的新思路,需要采取的新策略和方法。

5.掌握数智化时代,企业及项目管理更应具备的相关数智化知识与技能。

二、能力目标

1.具备策划数智化创新项目的能力,包括项目需求分析、方案设计、资源调配等。

2.具备数字媒体艺术项目数智化创新的应用能力,提升项目的创意和技术水平。

3.具备提升个人数智化素养的能力,不断适应数智化时代的发展需求。

4.具备团队协作与项目管理的技巧,提升团队整体效能。

5.具备分析与评价数智化创新成果的能力,并能积极提出有效改进建议。

三、素质目标

1.具备创新思维和解决问题的能力,勇于尝试新方法,善于解决复杂问题。

2.具备持续学习和自我提升意识,保持持续学习热情,不断提升自己的技能和素养。

3.具备团队协作和沟通的能力,能够与团队成员有效沟通,协作完成任务,具备良好的团队合作精神。

4.具备品牌意识和市场敏感度,能洞察市场趋势,为打造个人数智化品牌提供有力支持。

5.具备项目管理和时间管理的能力,确保项目按时按质完成。

6.具备批判性思维和自我反思能力,能客观评价成果及实际效果,不断总结经验教训,提升个人水平。

情景引入

数智化带来的最大变化是"人变了"

数智化技术对组织战略影响巨大,数智化技术说明组织构建了打造新顾客价值空间的能力。

传统时代,组织在原有行业领域里,因为市场早已供大于求,差不多大家都在红海中。当数字技术来临时,组织就有可能不断地突破行业壁垒,会出现新产业组合,像新零售;也会出现跨领域的组合,如各种知识付费新物种、直播带货等。组织必须拥有很重要的能力,即"数字穿透"。

"数字穿透"技术支撑组织从原有供大于求的领域走到跨领域里,从而获得新的顾客价值空间,实现了组织创造顾客价值的加速度。

大家称为独角兽的新兴的数字企业,呈指数级增长,就是借助了数字技术,让组织加速转换到新顾客价值空间。"数字穿透"技术还有助于组织内外部产生协同效应,让更多的员工接触顾客、彼此沟通、协同共生伙伴,共同参与到顾客价值创造的活动中。

学习任务

8.1 如何策划数智化创新项目

8.1.1 明确数智化创新项目设计流程与注意事项

策划数智化创新项目是一个涉及多个方面和步骤的复杂过程。以下是一个详细的策划流程,结合了参考文章中的相关信息和建议。

1)项目背景与目的

（1）分析背景

随着科技发展和社会进步,数智化已成为企业提升竞争力的关键要素。通过数智化创新项目,企业能够更有效地整合数据资源,提高业务效率,并创造新的增长点。

（2）明确目的

项目旨在通过数智化技术解决企业面临的特定问题,如提升客户满意度、优化内部流程、降低运营成本等。同时,项目也应关注培养员工的数智化意识和能力,为企业长远发展奠定基础。

2）项目内容规划

（1）数智化讲座与培训

组织专家进行数智化讲座,向员工介绍数智化的概念、应用场景和发展趋势。同时,针对不同部门和岗位的需求,开展针对性的数智化培训,提升员工的技能水平。

（2）数智化体验与创意展示

设置数智化体验区,让员工亲自体验数智化技术带来的便利和乐趣。同时,邀请数智化创意团队展示他们的作品,激发员工的创新灵感。

（3）数智化比赛

举办数智化应用创意大赛,鼓励员工提出具有创新性和实用性的数智化应用方案。通过比赛的形式,挖掘和培育企业内部的创新力量。

3）项目实施流程

（1）明确实施目标和需求

通过深入沟通和分析,明确项目的实施目标和需求,制定项目实施方案的基本框架。

（2）制定实施计划和时间表

根据项目目标和需求,制定详细的实施计划和时间表,确保项目按计划有序进行。

（3）组织架构和人员定位

确定项目实施的关键人员和部门,明确各自的职责和任务,确保项目进程的协调和有效推进。

（4）技术方案设计与实施

根据项目需求,设计合理的技术方案,并在不同时间节点上进行实施。技术方案设计应涵盖大数据分析平台、数据管理平台、分析模型库、可视化工具等多个方面。

（5）实施评估与调整

在项目实施过程中,进行定期的实施评估,包括系统稳定性、数据准确度、数据收集范围等方面。根据评估结果,及时调整实施方案和目标,确保项目的顺利推进。

4）项目预算与风险管理

（1）制定预算

根据项目规模和需求,制定合理的项目预算,确保项目资金的充足和合理使用。

（2）风险管理

识别项目可能面临的风险因素,制定相应的风险应对措施和预案,确保项目的顺利进行。

5)项目总结与展望

（1）项目总结

在项目结束后，对项目进行全面总结，包括项目的成果、经验教训和改进建议等方面。

（2）项目展望

根据项目的实施情况和市场需求，制定下一步的发展规划和目标，为企业数智化转型提供有力支持。

总之，策划数智化创新项目需要全面考虑项目背景、内容、实施流程、预算与风险管理等方面。通过科学地策划和实施，企业可以成功推进数智化转型，提升竞争力和市场地位。

8.1.2　以数字媒体艺术项目策划为案例分析数智化创新项目的策划过程

随着科技不断飞速发展，数字媒体艺术领域迅速扩大。数字媒体艺术作为一种新型艺术形式，以无限创新性、创造力和灵活性得到了广泛的赞誉和关注，尤其是在现今互联网普及的时代，数字媒体艺术无疑是一种更具前瞻性的文化形式。数字媒体艺术通过数字技术的手段，将艺术的形式和文化的内涵进行多维度的呈现，将古老的艺术形式重新升华出新的生命力，不断推动着人类文明的进步。本节就以数字媒体艺术项目策划案例为切入点，从专业策划大师的角度，结合市场需求、艺术类型、用户需求、技术应用等多个方面，对案例进行简单的剖析，以期为数字媒体艺术策划人员提供有意义的参考。

1)案例介绍

本次案例以某数字媒体艺术团队策划的"数字媒体游戏艺术展"为例，该艺术展是一场集合了数字媒体游戏和艺术展览的综合性展览活动。通过数字媒体的游戏艺术形式和展览视觉形式，从游戏的趣味性、艺术的美、用户需求、技术应用四个方面，对该项目进行策划分析和展望。

2)市场需求

数字媒体游戏艺术展在市场上备受欢迎，深受广大玩家和艺术爱好者的喜爱。一方面，它能够满足人们的娱乐需求，为人们提供多样化的娱乐形式；另一方面，它也能够展现数字媒体艺术的创新性和前瞻性。数字媒体游戏艺术展要想获得成功，必须以市场需求为导向，抓住市场的痛点，充分满足人们对艺术和娱乐的需求。

3)艺术类型

数字媒体游戏艺术展是一种综合性艺术展览，涉及多种艺术形式。数字媒体艺术作为展览的核心，必须在展示形式和技术应用上进行创新和升级。此外，游戏艺术也是该展览的重要元素之一，必须将传统的游戏形式和数字媒体艺术进行结合，实现娱乐与艺术相融合。艺术类型的选择和用力要考虑到项目的整体风格，同时要充分考虑用户的需求，慎重选择合适的展示形式和艺术表达方式。

4)用户需求

数字媒体游戏艺术展的展示形式和艺术表达方式必须以用户需求为核心。除了为人们提供娱乐休闲的功能外,数字媒体游戏艺术展还应该具有启发和教育的作用,旨在通过展览让人们更多地了解数字媒体艺术的种种表现形式,以及艺术和技术的结合是如何推动人类文明的发展的。在数字媒体游戏艺术展的展示及展览形式方面,应该注重用户体验,充分尊重用户的审美功底和需求,让用户感受到新型艺术形式的震撼和特别之处,既能够给用户带来视觉上的震撼,在游戏形式上也要满足用户对游戏娱乐的关注,真正做到打破界限,多维度融合,让展览更丰富、更多样化。

5)技术应用

数字媒体游戏艺术展相比传统的艺术展览,更多地依赖技术创新和技术储备,要想让展览的表现形式更多样化,技术的应用就更加重要。数字媒体游戏艺术展的技术应用包含多个方面,如展览的声音特效、光影效果、硬件设备、互动性设计等。在这些方面的技术应用中,光影、声音特效和互动性设计应该是最受用户关注的方面,这些技术的应用要充分考虑到展览的整体风格,避免单独使用降低用户体验,应该综合运用多种技术手段,使得展览完整且有序,打造更具魅力的数字媒体艺术展览。

数字媒体艺术的发展越来越受到人们的欢迎和关注,数字媒体游戏艺术展作为一种新型的艺术展示方式,要想切实造福更多人,必须在市场需求、艺术类型、用户需求、技术应用等多个方面进行充分的策划和关注,不能懈怠。数字媒体游戏艺术展是一个互动性的数字媒体艺术展示,在这个过程中,艺术家必须着眼于用户,充分挖掘用户需求,采用多种技术手段,结合各种艺术形式展示,才能抓住市场的痛点,获得成功。

8.2　如何提升数智化素养

8.2.1　数智化时代对"数字素养"的迫切要求

随着数字技术的广泛应用,以及大数据、人工智能等数字技术的快速发展,数字经济时代来临,对全民全社会数字素养提出了更高要求(图8-1)。

国务院印发的《"十四五"数字经济发展规划》提出,将提升全民数字素养与技能作为一项重要的保障措施。

图8-1　数智化时代

全民数字素养与技能正日益成为国际竞争力和软实力的关键指标,是顺应数字时代要求、提升国民素质、促进人的全面发展的战略任务,是实现从网络大国迈向网络强国的必由之路,也是弥合数字鸿沟、促进共同富裕的关键举措。

传统经济的转型升级离不开数字经济,并且数字经济日益成为重要的内在动力。产业的变化离不开两方面,一方面是消费端,另一方面是供给端,消费端包括了以消费者为主的衣食住行;供给端包括了智能制造和数字化企业。

对消费者来讲,在消费端数字化的发展推动了消费需求的升级,具体表现在以下四个方面:

①体验个性化。通过数字化捕捉到消费者个性化的需求,为消费者提供具有定制性的服务。

②支付方式多样化。支付方式更加便捷,减少等待时间。

③场景多元化。消费者希望更便利,到家和到店两者能更加自由地选择。无论是代理、经销,还是直营,如果让货品离消费者的距离最近,让到家跟到店变得更加便捷,这个消费场景就会变得更加便利。

④产品设计人性化。根据消费者需求来定义产品,让产品成本更低或者说具有更高的性价比,比如优衣库设计出又薄又暖的羽绒服。

从供给端来看,零售追求的就是更高的效率,有了数字化手段以后,现在很多企业和品牌都可以增加或者减少流转率让整个效率更高。

零售的核心是交易,从整个产业来讲,交易、流通、供应,每个环节都需要通过数字化来提升。在人货场里面,交易端最明显体现的就是人的效率和产品供应及时。也就是常说的"知人知场知货"。企业数字素养的提升,定能为企业的数字化转型提供巨大助力。

8.2.2　提升员工的数字化素养和技能的途径

提升数智化素养是一个全面而系统的过程,以下是针对如何提升数智化素养的一些方法,按照清晰的结构进行分点表示和归纳。

1)学习基础数字技能

学习基础数字技能主要从掌握数字技术基础、学习办公软件应用和学习搜索引擎和浏览器三个方面进行,例如:掌握数字技术基础要了解数字技术的基本概念、原理和应用,为进一步提升数字素养奠定基础;学习办公软件应用要熟练掌握文字处理、电子表格和演示文稿等工具的使用,提高办公效率;学习搜索引擎和浏览器要了解和运用各种搜索引擎和浏览器的使用技巧,更好地获取和处理信息。

2)培养信息筛选和评估能力

在信息高速发展的时代,有效地筛选和评估信息变得尤为重要。这不仅关系到个人的学习和工作效率,更涉及对事实的正确认知与理解。首先要辨别信息真伪,学习如何评估信息的可靠性和真实性,避免受到虚假信息的误导。其次要验证信息准确性,通过对比多个来源的信息,验证信息的准确性和一致性。最后要判断信息价值,区分信息的价值和重要性,有选择性地获取和利用信息。

3)加强网络安全意识和技能

加强网络安全意识和技能在当前网络环境下至关重要。以下是一些具体的建议和方法,以帮助您提高网络安全意识和技能。

(1)增强网络安全意识

了解常见的网络安全威胁,如恶意软件、网络钓鱼、数据泄露等,以便更好地保护自己的个人信息和财产安全。对来自陌生人或垃圾邮件箱中的信息保持警惕,避免随意点击陌生的链接或下载未知附件。避免在社交网络和其他公共场合随意透露个人隐私信息,如家庭住址、手机号码、身份证号码等。对网络上的陌生人和媒体报道保持警觉,不轻易相信未经验证的信息。

(2)加强网络安全技能

制定强密码策略,密码应包含字母、数字和特殊字符,并定期更换密码。避免使用与个人信息相关的密码,如生日、电话号码等。定期备份重要的个人和工作数据,以便在遭遇攻击或数据丢失时能够快速恢复数据。安装一个可信的杀毒软件,并定期更新病毒库。杀毒软件可以帮助您防御恶意软件的攻击。及时安装操作系统和软件的更新补丁,这些更新补丁通常包含了对已知安全漏洞的修补,可以有效降低被攻击的风险。在使用公共Wi-Fi时要特别小心,避免在公共网络上进行涉及个人隐私或敏感信息的操作。如果必须使用公共Wi-Fi,建议使用VPN或启用防火墙等安全措施。在传输敏感信息时,建议使用加密方式,如使用HTTPS协议访问网站,或在使用移动设备时启用数据加密功能。

(3)养成良好的网络安全习惯

不轻易点击来自陌生人或不可信来源的链接,避免陷入网络钓鱼等陷阱。只从官方网站或可信来源下载软件,避免下载带有恶意软件或病毒的文件。使用密码管理工具来帮助您安全、高效地存储和管理各种复杂的密码。为重要账号启用双重验证功能,以增加账号的安全性。通过以上措施,您可以有效加强网络安全意识和技能,提高自己在网络环境中的安全防护能力。

(4)掌握数据分析技能

员工掌握数据分析技能在当今的工作环境中至关重要,因为这有助于他们更好地理解业务、做出明智的决策,并提高工作效率。以下是一些帮助员工掌握数据分析技能的建议。

①理解数据分析的基础。

了解数据的类型(如定量数据和定性数据)、来源(如数据库、调查问卷、API等)及数据质量的重要性。掌握基本的统计学概念,如平均值、中位数、众数、标准差等,以及基本的概率理论。

②学习数据分析工具。

a.电子表格软件。如Microsoft Excel或WPS表格,它们提供了强大的数据处理和分析功能,包括数据筛选、排序、计算、图表制作等。

b.专业数据分析工具。如Python、R、SQL等,这些工具提供了更高级的数据处理、分析和可视化功能,适用于更复杂的数据分析需求。

c.数据分析软件。如Tableau、Power BI等,这些软件提供了用户友好的界面和强大的可视化功能,有助于员工更快地理解和传达数据。

③实践数据分析技能。

从各种来源收集数据,并将其整理成适合分析的格式。处理缺失值、异常值和重复数据,确保数据的准确性和可靠性。运用统计学原理和数据分析工具对数据进行深入挖掘,找出其中的模式和关联。将数据结果以图表、图像等形式呈现,使结果更易于理解和沟通。将数据分析结果整理成清晰的报告,包括数据概述、分析过程、发现和建议等。

④持续学习与提升。

参加线上或线下的数据分析培训课程,了解最新的数据分析技术和工具。阅读关于数据分析的专业书籍和文章,深入了解数据分析的原理和实践。积极参与实际项目中的数据分析工作,将所学知识应用于实践,不断提升自己的数据分析技能。通过掌握数据分析技能,员工可以更好地理解业务、提高决策效率,并在工作中发挥更大的价值。

⑤积极参与数字创新和实践。

员工积极参与数字创新和实践对于企业的持续发展和竞争力至关重要。以下是一些帮助员工积极参与数字创新和实践的建议。

a.培养数字创新思维。员工需要认识到数字创新的重要性,理解数字创新对于企业发展的推动作用,认识到自己在其中的责任和角色。激发员工创新思维,鼓励员工敢于挑战传统思维,勇于尝试新的方法和工具,不断寻求改进和创新的机会。

b.学习数字技能。员工需要掌握一些基本的数字技术,如计算机操作、互联网应用、社交媒体使用等,以便更好地适应数字化工作环境。针对各自的专业领域,员工需要学习并掌握相关的数字工具和技术,如数据分析工具、项目管理软件、自动化工具等。

c.参与数字项目。员工可以主动申请参与公司的数字项目,通过实践来提升自己的数字创新能力和实践能力。鼓励员工与其他部门的同事合作,共同推进数字项目的实施,通过团队合作实现数字创新的成果。

d.持续学习和提升。企业可以定期组织培训和学习课程,帮助员工学习新的数字技能和创新思维方法。员工需要关注所在行业的动态和技术发展趋势,了解最新的数字技术和创新应用,以便更好地应对市场变化。

e.分享和交流。员工可以将自己的数字创新实践经验和心得分享给同事和团队,通过交流来推动团队的共同成长。鼓励员工建立数字创新社群,通过社群活动来促进跨部门的交流和合作,共同推动企业的数字创新进程。

以上五个方面的学习和实践,可以有效提升数智化素养水平,为个人和组织在数字时代的发展提供有力支撑。

8.3　如何打造个人数字化品牌

8.3.1　数字化媒体时代企业品牌建设的重要性

当今世界已经进入信息化时代,而生活的数字化已经为研究人员所重视。我国数字化的发展是依靠从国外引进和自主研发相结合的方法。我国信息化发展水平已经发展到一定的水平。互联网、智能手机、平板电脑、数码相机等技术的普及运用是这个时代的特征。在信息畅通的今天,传统的品牌建设方法已经远远不能满足企业的愿景。如何利用数字化媒体时代建设企业产品品牌、传统企业品牌在数字化时代如何应对市场变化、企业品牌如何在数字化时代崭露头角,这些问题已经成为企业亟待解决的问题。

8.3.2　数字化媒体时代的特征

1995 年,网络从神话变为现实,美国“新经济”开始出现奇迹。也是在这一年,美国麻省理工学院教授兼媒体实验室主任尼葛洛庞蒂出版了他的《数字化生存》一书,宣布以“比特”为存在物的数字化时代已经到来。《时代》周刊将他列为当代最有影响力的未来学家之一。

如今雷·海蒙德认为,信息时代经历两个发展阶段:物质化(physical)信息时代和数字(digital)信息时代。时至今日,数字化已经发展到智能化的阶段,我国企业在这种大环境下进行品牌建设的过程中应该了解其具有的特征。

1)媒体智能化为品牌建设提供新平台

数字化时代,人们的生活变得极其简单而又富有乐趣。互联网已经成为大多数人生活的一部分,我们生活在数字化的时代,每一样活动都充满智能化,有助于我们随时了解世界各地的新闻动态,以及各产品的打折销售情况。

2)沟通多样化为品牌建设提供多样化渠道

这里的多样化,不仅仅指物的多样化,也指数字化无处不在。我们可以利用不一样的技术完成同样的功能。同样是手机,我们有很多选择,不同品牌有着不同的优势。同样是聊天,微信、微博、新媒体平台,都可以与朋友分享新鲜事物,我们可以通过很多联系方式联系很多的朋友。

3)购销双方的互动性对品牌建设提出更高要求

每个人都是生活的一部分,对待事物,如果有不同的看法,可以在不触犯法律的前提下在网络上自由发表言论,并且别人也可以对看法加以评论。数字化时代,使人与人之间的联系更加紧密。企业在品牌建设的过程中,要充分考虑到这一特点,利用数字化的沟通工具与消费者保持良好的沟通,是企业品牌建设的基础。

4)企业不断迎合新媒体时代的持续创新性是打造良好品牌形象的基础

科学技术在不断发展,而且不断被运用到生活中。每天都会有新的事物出现,而且这种事物,可以很快被人们所接受、使用。企业要时刻与社会保持一致,把握生活新动态,及时掌握数字化时代人们的新爱好,从而尽可能地利用各种方法,宣传企业产品,打造良好的品牌形象。

8.3.3 数字化媒体时代下企业品牌建设新思路

企业在品牌建设的过程中,可以在传统的品牌建设方法的基础上,利用数字化时代的产物,为企业做好宣传,使顾客更好地了解本企业,从而提高本企业品牌知名度。随着科学技术的发展,新知识、新技术不断出现在我们的日常生活中,数字化时代的到来在很大程度上颠覆了我们过去的生活。这不仅仅影响了消费者的生活方式,对于企业来说,也面临着更大的挑战。

1)企业应该利用数字化媒体时代的新技术深入了解消费者需求

数字化媒体时代对于企业来说,是更具挑战性的。企业要更加关注消费者爱好,放弃传统的品牌营销观念,与消费者共同打造企业品牌。企业对消费者关系已经不是传统的、简单的控制权,在由数字化时代催生的消费者关系中,消费者拥有协同体验和对话的权利。当今时代,如果企业单方面通过大量的广告把品牌灌输给客户,已经无法传递良好的品牌形象,数字化新媒体时代需要企业与客户共同塑造品牌。数字化新媒体也是充满变革机遇的时代,企业可以创新发掘快速贴近客户的方法。越来越多的消费者通过网络新媒体查看其他消费者对相关品牌的评论和列出产品排行榜,并会通过社交媒体分享品牌体验。

各类社交媒体拥有较精确的分析工具,可以快速了解顾客对品牌的情绪性响应,企业还可以通过内容聚类和关键字的挖掘,及时掌握顾客的个人观点和评价。通过数字化新媒体时代的新平台,我们可以知道消费者的真实想法。我们可以了解顾客是考虑哪些关键信息,才影响品牌突出性,品牌的突出性就是产品具有何种要素时,可以促使消费者推荐给其他朋友或者重复购买。在传统的品牌营销过程中,我们要通过大量的调研和访谈,才能掌握此类信息。但是现在,我们可以充分利用数字化媒体时代更好地倾听客户、了解客户。

在数字化的空间里,我们可以通过品牌回放的手段,使用对话和行为分析工具,持续测量品牌传递给消费者的实际感知情况,进而采取行动以缩小品牌预期体验与消费者实际体验之间的差距。这种方法可以让我们实时掌握来自真实世界的消费者感知情况,由此我们可以随时跟踪并优化品牌传播及品牌体验给消费者带来的影响。

2)企业要创新且持续地吸引消费者

企业与消费者要开诚布公地沟通,以此来了解什么最能引起消费者共鸣,并以新颖的方式提供方便,从而吸引消费者购买。久而久之,形成我们所预期的消费者行为,并在消费者中形成品牌忠诚。在消费者通过数字化媒体平台与品牌交互时所期望获得的利益中,有短期利益,如产品排行及评论、专业指导信息、品牌活动信息、产品折扣或优惠、最新产品消息等;有长期利益,诸如获得服务及关注、通过分享与互动成为企业品牌的忠实分子并寻找归属感等。因此,企业可以考虑平衡消费者对短期利益的关注,逐步建立稳固的长期利益,并且寻找能吸引消费者的持续性话题和活动。

例如,我们可以利用"意见领袖",即对他人施加影响的"活跃分子",让他们在人际传播网络中为他人提供信息。企业可通过先进的数据分析方法,准确识别出那些忠诚于自己品牌的消费者,并让他们成为"意见领袖"进行口碑营销,这样可以极大地加快公司产品的渗透速度,以扩大企业品牌的影响力。这也是一种传播方式的创新。

3)企业应该利用数字化媒体时代的新平台增加与消费者的互动

各国消费者在数字化媒体时代中的新平台对于品牌的接受程度不同,约64%的中国消费者在社交网络中对于品牌持开放友好的态度。这一数据告诉我们,在我国数字化渠道可以成为品牌赢得消费者忠诚的良好途径。同时也告诉我们,在传统渠道取得优异成绩的品牌,在信息开放的数字化时代可能要面对更多的竞争者。数字化渠道除了是倾听客户心声的渠道,也是一种赢取客户,通过持续互动,建立长期客户关系,并赢得品牌拥护度的渠道。企业品牌要想在数字化时代继续发展,就要不断与目标顾客互动,赢得消费者青睐。

企业品牌维护者应该思索如何利用数字化媒体新渠道,让数字化工具为自己所用,让品牌与消费者进行良性互动。绝大多数消费者使用网络及社交媒体是为了与好友和家人联系、了解并分享信息，可见数字化媒体已然成为我们生活的一部分，因为正是这样的消费者活动为品牌互动带来了无数机遇。一则吸引眼球的信息，可以瞬间获得消费者上万次点击量，这种方式很显然比传统的营销渠道迅速很多。

4）企业需要利用数字化媒体时代创造无缝体验

人们的日常生活已经离不开数字化媒体，它出现在我们生活的各个方面。现在已经很难区分线上和线下的客户体验。然而，很多企业还没有明确的数字化品牌战略。有些品牌经营者对数字化品牌策略的规划及数字化渠道的品牌运营，持观望和保留态度。其主要原因，可能是担心自己的官网留言区或者官方微博有负面的讨论和评价，不利于品牌形象。在数字化时代，我们不应该躲避浪潮而试图独善其身，而是应该顺应形势，融入浪潮，与消费者互动，诚实地做出正面回应，开诚布公地讨论。若想在消费者心里赢得一席之地，进而影响他们，并且达到培育品牌拥护度的目的，必须创造数字化渠道的无缝体验。

为了创造无缝体验，我们应该创建数字化品牌策略，它需要协同企业内部员工，使员工参与其中，并定期监测评估数字化措施的成效。数字化品牌体验不仅是其他媒体或信息的变体，而且是互动式的共同体验。与传统渠道相同，我们同样规划并管理数字化品牌，向受众传递一致的品牌体验。数字化媒体平台不能作为一个孤立的媒体存在并进行传播，它应该被归入企业品牌整体的战略规划中思考，最终在数字化传播沟通中呈现。最终，品牌以统一协调的品牌策略，为消费者呈现融合线上、线下的完美体验。

5）企业要利用数字化媒体手段追踪反馈并优化品牌体验

在当今时代，企业要想持续吸引客户，必须想方设法运营和维护数字化渠道。为了给客户带来更优的品牌体验，企业要持续追踪品牌反馈并注入业务洞察中，进而驱动业务战略调整和运营模式创新。

品牌运营者可以迅速地对客户消极的体验反馈做出反应，处理客户的问题，维护、恢复和重建消费者信心，维护品牌在客户心中的认知，以促进客户品牌体验的不断优化。通过工具可以分析消费者在社交平台的口碑分享中对于特定品牌及产品需求的建议，企业可以洞察他们的潜在需求，以指导新产品研发。与此同时，也可以根据客户的信息分享和评价，进一步优化当前的产品和服务。

6）企业要利用数字化媒体时代与消费者产生品牌共鸣

品牌共鸣就是将品牌的反应转化成消费者和品牌之间紧密而活跃的忠诚关系。首先，它需要企业利用数字化新媒体平台培养深入而广泛的品牌意识，也就是该企业的品牌的突出个性或者说是"我是谁"；其次，企业需要利用数字化新媒体平台了解自己的品牌与其他品牌的不同点和共同点，也就是企业的表现和形象，即"我是什么"；再次，企业需要利用该平台了解顾客正面的、已达成的反应，这就需要企业在该平台上判断、感觉顾客的忠诚度，即"我能让顾客得到什么"；最后，形成强烈、活跃的忠诚度，形成共鸣，即"你我关系如何"。

利用品牌共鸣,就是通过使用社交媒体等创新营销新平台告知品牌活动与产品有关的信息,并能更加准确、有效地与目标消费者群体沟通。这样做既加大了企业品牌宣传力度,又增加了企业销售量,从而使企业获得更多的顾客。一个更具营销影响力的品牌必须是能与消费者共鸣的品牌,这样才能赢得更高的品牌忠诚度。

综上所述,如今,在消费者行为和需求快速变化、竞争日益激烈的数字化媒体时代,企业若想创造性地进行企业品牌建设,就要改变传统的品牌管理模式,制定明确的数字化品牌策略。在数字化新媒体时代,企业在进行品牌建设时,只有利用数字化媒体时代的新技术深入了解消费者需求,并且不断利用这个时代的新平台增加与消费者互动,才能持续吸引消费者。另外,企业还需要利用数字化媒体时代创造无缝体验,追踪反馈优化品牌体验,使企业品牌与消费者产生共鸣,这样才能使企业立于不败之地。

📖 案例展示

绿之韵:如何打造数字化健康管理品牌

"互联网+"、人工智能、AI等曲高和寡的科技,结合传统健康模式,正以风起云涌之势,给直销行业带来革命性的改变。

或许不久后,人们只需要穿戴一套设备,智能终端就能检测到人体基因、运动、皮肤、生命体征、睡眠等数据。健康管理分析后,提出影响健康的不良行为、不良生活方式与习惯等危险因素以及对导致的不良健康状态进行调整的措施手段。

或许不久后,人们年年体检,年年报告无人看,体检报告上的专业术语和升升降降的箭头,让普通人看着眼晕,不少人草草翻看后便随手一扔的问题可以通过网上健康平台解决(图8-2)。

振兴直销行业,打造数字化健康平台颠覆传统。

在直销行业,有五花八门的系统、形形色色的平台,但全民数字化健康管理平台,在行业甚是少见。因为打造这样的平台财力上要绰有余裕,领导层要运筹帷幄,团队要能征善战。

如果说三大平台是根基,那么六大实施板块,健康教育、健康检测、健康数据分析、健康评估、健康干预、健康追踪等系统化方案就是绿之韵健康科技的核心武器,也是绿之韵健康科技拉开与竞争对手距离的重要突破口。

全面数字化健康平台是如何运转呢?据了解,绿之韵健康科技6S健康生活体验馆真正建立起集健康教育、健康数据采集、健康产品体验、健康信息交流、情感沟通于一体的一站式服务平台。例如,健康管理师首先通过智能化的健康检测仪器采集和管理个人健康信息。比如穿戴设备或其他终端智能检测设备收集到的人体基因、运动、皮肤、生命体征、睡眠等健康数据,并与战略合作伙伴百年中堂合作,利用其先进的云传输技术,云存储技术和智能化数据分析系统对采集到的数据进行整理、分析、挖掘。

图8-2　绿之韵生物工程集团

　　接下来,绿之韵健康科技专业的健康管理师,根据客户的个性化健康评估报告,向客户提出影响健康的不良行为、不良生活方式与习惯等危险因素以及对导致的不良健康状态进行处置的措施手段。

　　最后,通过"人性化专属服务系统""可视化自助追踪系统"及"智能化风险预警系统"实时、动态、全方位和全生命周期为客户提供一对一咨询指导和跟踪辅导服务,使客户从社会、心理、环境、营养、运动等多个角度得到全面的健康维护和保障服务。

8.4　团队协作与项目管理的技巧

8.4.1　数智化时代企业团队管理模式

　　数智化时代的团队管理与工业时代的团队管理本质上的区别在于,数字化时代的团队管理会不断打破管理的藩篱,突破管理的范式,建立新的管理话语权,从而加快数智化的时代进程。

　　数智化领导者要建立起数智化时代的团队管理模式,需要反思以下问题:你的团队成员的数字化程度如何? 在数智化时代你的管理方式如何打破常规? 你如何将集体智慧应用到决策过程中? 你如何在自己团队和公司团队间建立协同效应? 你如何提升与团队成员间的关系? 你对自己的团队采取哪些行之有效的新评估方法?

为解决以上数智化时代团队管理的问题,数智化领导者需要培养五大数字化管理的能力。

1)变革化数字力

支持企业的数智化转型,包括数智化生产、数智化运营、数智化营销、数智化管理等;推动团队快速适应数智化资源和数智化工具的应用,如社交媒体、协作程序、线上办公、远程控制工具的应用;鼓励团队使用数智化的新技术,创新数智化的新应用。

2)思维化破界力

领导者要培养断点思维、破界思维、突变思维和分布思维等新的数智化思维模式,从而让自己在不确定性时代下能较好地处理短期与长期、个人与集体、质量与产量、自主与合力的矛盾问题,并作出正确的决策。

3)促动化教练力

数智化的团队管理模式一定不是以管理和控制为主导的,而是以教练和引领为主导的,在团队管理上会减少汇报与控制,而采取共创与支持的新管理模式,依靠集体的智慧制定决策过程,给予每个团队成员更多的独立性,发挥每个个体的最大价值,从而形成公司的最大合力。

4)纽带化关系力

建立数智化社群和非职权的网络社群,把员工自由轻松地聚集在一起,发挥集体的力量,促进团体生活,激发协同效应,形成强关系的纽带,创造尊重与分享的价值文化。

5)敏捷化评估力

数智化时代的价值评估将打破标准化的方式,以及年度评估的常规,而且快速响应和持续提供反馈,鼓励自评和同行评议,因人而异地敏捷性地评估价值,更加激励人心的价值传递。

总之,为适应数智化时代的发展,以及推动企业的数智化转型,数智化管理者应培养自己的数智化变革力,在面对自相矛盾的不确定性挑战时,数智化管理者应采取一种破界式的思维模式,调整管理员工的方式,采取教练而非管理的方式,注重员工的个性和尊严,鼓励差异化的评估,强化团队间的协同效应,从而实现数智化时代团队管理模式的转变。

8.4.2　数智化时代企业数智化项目管理的实现方法

项目管理是指运用系统的理论方法,在有限的条件和资源的情况下,对项目从开始到结束的全流程进行计划、组织、协调直至最终实现项目目标的管理过程。

项目管理者即项目经理,需要领导整个团队准时、优质地完成全部项目工作,他参与项目的需求确定、项目选择、计划直至收尾的全过程,并需要在时间、成本、质量、风险、合同、采购、人力资源等各个方面对项目进行全方位的管理(图8-3、图8-4)。

图8-3　项目管理的一般流程

图8-4　项目管理的常见痛点

下面以轻流平台为例,介绍企业数智化项目管理的流程。

1)实现项目目标的可量化

什么是可量化的目标(图8-5)?

图8-5　可量化目标

📖 **知识小窗**

如何进行目标量化

不可量化的目标:领导需要你举办一场活动。

可量化的目标:三周内,领导需要你举办一场宣传活动,针对行业内的潜在客户,活动完成后至少要实现一个客户成单。

在初期,项目经理需要考量的是如何让领导给定的目标更明确、可量化,再将这个可量化的目标拆分成子任务分配给其他成员。

---

2)跟踪项目组成员的项目进度

通过轻流甘特图功能可以在线查询项目资源,了解项目成员的项目进度(图8-6)。

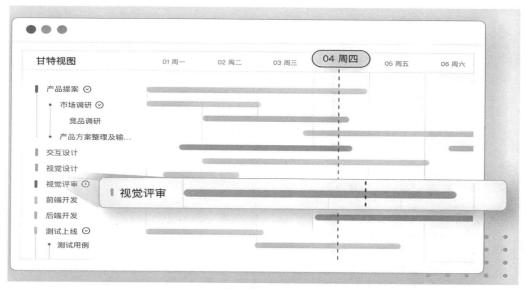

图8-6 跟踪项目组成员的项目进度

3）项目任务自动拆分

摆脱Excel手动分配和记录任务，使用工具自动进行项目任务拆分，拆分后子项目负责人能够自动收到待办通知，清晰自己的任务（图8-7）。

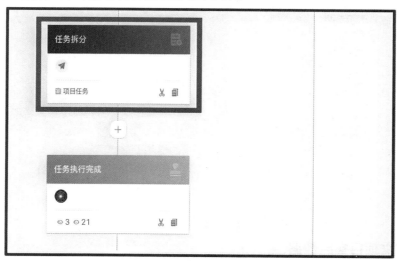

图8-7 项目任务自动拆分

4）实现自动化项目进度管理

在系统中控制项目进度，自定义流程超时提醒、提前提醒，解放项目经理的脑力（图8-8）。

图8-8　自动化项目进度管理

5）项目日志展示项目过程

团队成员每日在线填写项目日志，项目经理可对项目过程进行把控（图8-9）。

图8-9　项目日志展示

6）自定义项目实时数据

系统中会自动将已有数据整合成数据看板供管理者总览，项目经理可根据自己的实际需求，通过轻流门户引擎自定义搭建并调整板块内容（图8-10）。

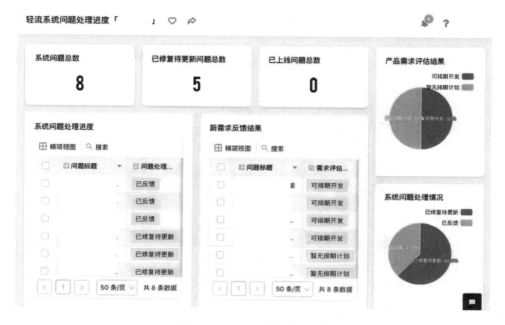

图 8-10 自定义项目实时数据

8.5 案例——展示与评价典型创新成果

8.5.1 成果一：数智化赋能精细管理，"工地可视化指挥中心"项目

新发展格局之下，强大的产品力，成为房企在"竞质量"时代的生命力。未来房企若想实现高质量发展，必须具备较强的工程管理能力为品质护航。随着时代的进步和信息化的发展，工程管理正与物联网、智能软硬件紧密地融合，朝着智能化和精细化的管理方向发展。

作为千亿级综合性企业集团，中国奥园在工程管理中不断融入高质量发展理念，积极通过管理、技术、数字三大驱动并行发力，实现从工程标准化到精益化、价值化的升级。

2021年，中国奥园携手明源云链打造行业领先的"工地可视化指挥中心"，成为房企数字化转型变革时代，引领和塑造工程管理新趋势的行业新焦点。5月25日，"工地可视化指挥中心"正式启动。

1)项目介绍

中国奥园 & 明源云"工地可视化指挥中心"项目以"搭建工地可视化指挥中心，实现数智化决策，助力中国奥园高质量发展"为目标，将基于工程管理与大运营的业务视角，深度应用人工智能和物联网，通过硬件与软件的结合，形成可视化数智指挥中心，实现做事有标准、数据有沉淀、架构能统一,过程管得住,决策看得清。最终成功达成从集团到项目垂直可视化管理的应用效果(图8-11)。

图8-11　项目会议

2)启动会现场项目汇报

打造专属奥园特色的数字化智慧工程平台。

(1)透明工地:让项目更透明

加强工地现场可视化管理,实现出入口、塔吊、重点区域监控。监控可以自动抓拍、录像,支撑项目进度、工程质量可视化管理。

(2)安全工地:让项目更可控

工地劳务实名管理,未戴安全帽可以进行人脸抓拍;利用人工智能与物联网技术,传感器实时监测,预防施工现场出现倒塌、碰撞等安全事故;工地车辆管理,保障工程车辆进出安全;工地周边安全防范,精准检测,红外成像,智能声光报警,杜绝非法入侵。

(3)口袋工地:让管理更简单

从集团到项目,多级垂直可视化看板,可以进行项目对比分析,树优异劣。App随时随地查看,视频循环保存1个月,实现自动截图,形成重难点项目实时监控,随时了解进展,防止管理末端失效。

(4)智慧工地:让决策更智能

打造智慧工程数据平台,实时动态在线掌控项目工期、货值、进度等数据,实现数据精细化管控。一屏在手,管理全有,助力管理者高效进行项目工期、货值、进度的对比分析,及时完成经营指标的智能对比与分析,助力数字化经营决策。

本次中国奥园工地可视化指挥中心项目将在明源云天际开放平台上进行搭建,天际开放平台是明源云推出的泛地产数字化PaaS平台,拥有高安全、高性能、高稳定、生态开放的平台特性。天际开放平台的低代码开发模式,将有助于中国奥园按照工程管理的业务实际需求进行开发,自定义应用与扩展,解决工程领域各种碎片化的场景管理诉求。

经过前期双方项目团队的沟通及调研,双方确定了全局规划,多线并行,确保"工地可视化指挥中心能够如期高质量落地"的实施策略。为了提高项目小组协同效率和配合程度,项目团队设定了包括项目沟通机制、风险管理措施在内的项目保障体系,狠下决心抓落实,全力以赴抓冲刺,确保630实现全集团上线。

3)领导发言:严抓进度 确保质量

（1）高质高效推进项目建设

紧盯目标任务,加快实施进度,明源云链团队在实施过程中需关注高层价值兑现,保障对高层日常管理、决策的场景还原,做到强力支撑。中国奥园项目团队需拉通各区域各项目现场对接人,及时同步各项计划、进度要求,进行消息及时对接。

（2）严密部署紧抓落实,全力推进确保实效

保障重点区域指挥部与集团总部总指挥部的建设节奏,630节点后需规划语音网关建设,针对项目现场不符合安全规范的情况,可通过总指挥室进行远程对话。对于资产保管归属、网络环境、安装实施方案、权限管理等细节问题,都要严密部署,确保各项工作落地落实。

（3）做好后续规划,逐步推进工地更智慧

工地可视化指挥中心在完成视频监控等功能的上线之后,后续将积极推进其他功能扩展。聚焦更多工程业务场景,并逐步打通其他业务条线,发挥数据价值,推动中国奥园工地管理更智慧。

①军令状签署:全力协作,力保节点达成。中国奥园集团品控中心负责人任滨、集团信息技术中心副总经理孙太荣、明源云链广州区域总经理叶志飞代表双方项目团队签署军令状,郑重承诺在本次项目中,中国奥园 & 明源云链双方项目团队,将以"全面提升奥园工地可视化指挥中心管理水平"为目标,上下一心,全力协作,力保节点达成。

②军令状签署。"竞质量"时代,工地可视化指挥中心的设置,对于凝聚中国奥园工程数字化转型新动能、辅助高质量发展具有特殊意义。强安全知进度、促运营保质量,明源云链将充分利用领先的移动互联网+大数据技术,与中国奥园一起整体规划、全面集成,打造专属中国奥园特色的工地可视化指挥中心,为中国奥园高质量发展之路助力。

8.5.2 成果二:面向"服务"的项目数智化标准管理体系实践

2020年9月,国务院国资委发布了《关于加快推进国有企业数字化转型工作的通知》,指出国有企业应把握数字经济发展机遇,加速提升企业创新能力。××隧道公司响应国家、集团号召,推进隧道施工数字化转型需求,建立重大地质风险预控管理体系,将其与数字化深度结合,在系统建设、信息队伍建设、数字化服务体系建设等方面进行了深入实践(图8-12)。

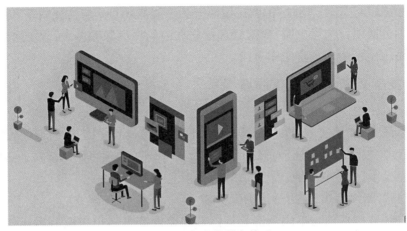

图8-12　数字化服务体系

1)数字化视角下项目与公司总部管理的界面分析——数字化应用落地难题

在项目数字化应用中,一些系统建设的核心思想以管控项目为主要目的,在系统中赋予了丰富的监管功能,系统设计"完美"、复杂,框架重,细节多,覆盖到了项目成本、质量、安全、进度等方方面面,贯彻了由上而下各种管理思路,欲达垂直管理之效。但这类应用,往往执行效果不佳、执行代价高,真正能为项目解决实际问题的功能很少,给项目造成了极大负担。与此同时,通过行政手段强行下派,不仅加剧了项目与公司的不信任,也变相植入了很多隐藏在系统背后的管理漏洞,仅仅剩下了程序正确,难以达成建设系统当初既定的管理目标,最终变成了上下层管理界面之间的枷锁。

诸如上述系统在项目落地之后,运维困难,系统的服务保障难以到位,最终栽倒在"最后一公里",而这也大大影响了信息化工作者的心态,使其日渐消极。深究其因,系统建设之初没有以"服务"为核心思想,从而导致整个数字化应用从建设到最后的运维落地,陷入了一种特殊的囚徒困境,大家都在比谁的系统"说出来"更高大上、更漂亮,而没有关注系统使用者本身的意见,在系统中不自觉埋下了很多隐患。

2)以"服务项目"为核心推进数字化体系转型

聚焦问题,××隧道公司尝试转变思路,希望在数字化道路上能走出一条不一样的路,围绕成本核心,以简单易用、自动化、智能化为建设理念,以服务项目、为项目解决实际问题为导向,来建立各类数字化应用。建设数字化标准管理体系首先是系统研发必须以"自动化、简单化"为核心理念,通过自动化方法采集录入数据,作为主要研发方向。如果必须通过人工进行录入的数据,根据业务类型,严格限制表单的录入数量红线,流程审核节点数红线。然后对数字化应用进行优先级分类,将各类数字化应用分成三类:一是对公司整体有好处,但是对项目管理工作增加极大负担的情况,要慎重考虑引进、研发。二是对项目管理有益处,但是会增加项目的管理负担,增加业务人员大量工作量的数字化应用,需要严格征询项目的实际意见,如果收益较高,可以在部分重点项目试点应用,观察效果再全面铺开。三是完全融入项目的日常管理中,不会增加项目的管理负担,对企业管理提升有极大价值的自动化、智能化应用,必须进行全面落实。

通过以上方法,减轻项目负担,专注于项目业务与现场管理的提升。以服务项目的思路,公司搭建预控管理物联网平台,借助物联网手段,自动采集环境、位移等物理数据,通过自动化预警,提升项目的重大地质风险源管控水平,而项目在系统的执行过程中的角色职能为接收预警信息,解除预警。公司总部预控管理中心从项目需求意见采集、数字化应用研发、硬件研发、现场安装实施,到系统整体运维工作,提供了一整套服务,减轻项目的使用负担,系统执行效果较为良好。

3）施工单位信息化团队建设

（1）创建信息化专业团队的必要性

公司从服务项目出发,在数字化方面建立了一整套研发、运维体系。在整个施工行业系统,没有一个比较成熟通用的数字化应用案例,可以让公司直接拿来就能使用。很多业务需要根据公司自身情况定制化应用。几乎每个大型建筑施工企业,有能力支持研发的,都会为自身定做一套数字化应用,而这一切需要一套研发体系来进行支撑。建立这个体系,必然有一支专业化的团队来进行支撑,这样的一支团队,如果完全依靠外部公司力量,效果不佳,实施成本不可控,最终关键的核心技术、人员,也不会在本公司形成沉淀,甚至本公司一些比较好的管理思路、方法,也会通过外部公司与系统流转出去。因此施工企业需要一支专业的数字化研发运维团队,且最好是一支由本公司自己建立的核心团队。在一个以施工为主导的企业,建立一支专业化的信息化研发运维团队有极大的难度。首先是主要领导眼界要高,思想上重视,行动上支持,是"一把手"工程。××隧道公司实行数字化应用"一把手"负责制,公司总经理亲自研究、统筹部署,领导班子中明确专人分管,统筹规划科技、数字化、自动化等管控业务,协调解决项目衔接、研发经费筹划等重大问题。公司总经理定期开展"一把手谈数字化转型",并通过推进数字化转型创新平台建设,组织数字化转型相关交流研讨,推动校企联合,引进高端人才,培育高水平、创新型、复合型数字化人才队伍。2019年公司对地质风险管控团队与信息化研发应用团队进行整合,成立预控管理中心,建立了一支集现场业务需求调研、软硬件研发、数字化运维的一体化团队。通过跨部门融合,探索建设数字化与业务融合创新中心,在公司总部定点搭建了预控管理创新工作室,并依托工作室优秀党员创建了集团党员示范岗,还在重点项目建立生产指挥中心。通过这些数字化组织,尝试推动数字化转型管理变革,创建数字化驱动新动力,打造隧道施工专业化核心竞争力。

（2）数字化转型专业管理团队的工作思路

搭建一支公司自有的数字化专业管理团队,做研发,一年能为公司创造多少切实落地的数字化应用? 做实施,需要多大的团队才能将整个公司,甚至整个局、集团的数字化业务支撑起来? 而对于现今最普遍的敏捷开发,快速迭代模式,这些问题亟须解决。我们将每个数字化研发应用项目组分为了软件研发、硬件研发、运维服务三个小组,采取动态考核管理制,能者上、庸者下,不适应岗位的及时调整,补充新鲜血液。而公司根据自身需要建立的数字化项目不断扩充为多个小组的团队迭代并行。一个软件研发核心组由四五人组成,一个项目经理负责整体协调,一个前端组长,一个后端组长,一个数据组长。小组整体负责建立软件技术框架,建立软件研发标准化文档,扮演了如同隧道架子队模式的存在。通过规范文档,拆分数字化应用模块,将研发工作细化,打散分类为前端界面、后端接口、持久化数据端三端分离。按具体的系统模块进行外包,前端业务外包小组成员在前端组长的带领下负责单个界面组件的研发,后端业务外包组员在后端组长的带领下只负责接口的编写,数据中心由公司自己的专业软件项目经理与数据组长进行统一管理。系统研发完成之后,由公司数字化项目组进行前后端开发与数据整合。这样既避免了核心技术因团队某个成员个人原因离职导致项目无法继续,也避免了外包软件公司拿到本公司核心业务工作方法及数据,大幅提高了开发效率与软件的应用效果。长期下来,既保障了公司数字化业务需求的快速迭代,也培养了自己的软件研发核心团队,最终形成的成果不是冷冰冰的源代码,而是能够持久进行传承的一套研发管理体系,以及从团队中诞生的懂施工业务、信息化技术、团队管理的复合型管理人才,实现数字化转型业务可持续发展。

软件研发小组成立近两年来,研发了预控管理物联网云平台、超前地质预报智能预警系统、超欠挖绩效考核系统,实现了隧道环境自动化监测预警、风机联动、电源自动锁闭,以及超前地质预报智能预警、隧道自动监控量测、LED预警推送等功能,专业化软件研发团队的管理模式卓见成效。

硬件研发组由四五人组成,一个硬件研发经理、多个硬件研发工程师、多个硬件代码工程师。全权负责与公司物联网系统、现场施工业务相关联的业务硬件研发,制作了隧道环境监测、风机自动联控、激光自动监控量测等装置。研发出的硬件装置,在固化优化的迭代过程中,逐步全面应用到项目现场。

运维服务组由6~10人组成,一个组长、多个成员,团队长期驻扎项目,由公司信息化管理部统一管理。负责将公司新研发的软硬件,在公司所有项目上进行落地实施。对于已经固化应用成熟的软硬件,由其中一个专职成员带领几个产业工人负责一个工程项目并进行实施,对现场人员进行基本操作培训,平均一个系统的实施时间不超过7天。团队秉持着科技引领突破,创新驱动发展的理念,通过搭建数字化应用软硬件一体化系统从研发到落地及迭代更新的全生命周期服务体系,正在为公司数字化转型摸索一条全新道路。

4)打造数字化建设标准文档

前面描述了如何搭建一支专业化的数字化研发运维团队,而团队的价值体现,不仅仅是做产品,也不仅仅是提供服务,而是要将团队、产品、服务三者相互结合,打造可以沉淀积累传承的数字化建设标准文档,将其深度融入公司的主营业务标准化手册中,通过数字化体系规范标准化文档的执行效果。

××隧道公司预控管理中心在搭建数字化核心研发团队,做产品,提供服务的同时,致力于打造一套公司隧道施工数字标准化手册,简化数字化应用的落地难度,将数字化与施工标准化手册融合,建立公司数字化转型方向的生态系统及传承文化。

5)数字化全面应用构想与展望

通过在××隧道公司数字化实践过程中形成的产品与服务可见,这种模式具有适用性,以及值得全面推广的实践意义。

如果从局部层面出发,应站在更高的管理层面为公司及项目统一框架,统筹建设数字化应用,通过集约化、标准化的方式,大幅降低自动化系统的实施成本,通过各个项目之间的借鉴,逐步优化,提高应用效果,编制数字标准化文档。建立一套数字化、自动化研发运维体系,打造产品与服务相结合的数字化运营标准,施工业务自主产权专属的智能化、自动化产品,将固化的数字化产品服务与现场施工标准化手册进行深度集成,通过数字化来辅助标准化实施,逐步搭建出专有的生产指挥与成本管控自动化智能化平台。推动现场施工的数字化改造,提升产品与服务质量、迭代优化数字化服务运维水平,打造具有中交二公局的差异化、现场化、智能化的数字产品与服务,实现施工现场全要素、全过程自动感知,实时分析和自适应优化决策,对提高生产质量、效率和管理水平,赋能企业提质增效具有极其深远的实际意义。

知识延伸

如何让"数智化创新"成为你的素养

在这个创造性颠覆的数智化时代,前沿技术、消费行为和跨界竞争带来了商业社会的急剧变化,每个组织和企业都面临着转型的挑战和契机。将"数智化创新"变为组织与个人的核心能力,已经不只是一句简单口号,而是时代的要求。它不仅仅是领导者必须具备的素养,更是身在企业中的每位员工需要不断提高、反复打磨的技艺。

数智化创新素养要求当下的每位从业者对数智化时代的概念、数智化产品的设计、社会技术的特性、数智化平台和工具都具备一定的认知和理解力,并可以付诸实践。

然而,何为数智化,如何落地数智化创新,以及怎样才能有效地进行数智化创新管理?种种问题却没有一个明确的答案,当然也不可能会有一个标准的答案囊括所有。实践者唯有通过不断地学习、探索、总结、反思,方能领会其中的真谛。

下文将通过ThoughtWorks的案例,结合Why-How-What的"黄金圈思维"方式为各位展开"数智化创新"的学习之旅。

1)Why——数智化改变了什么?

人人都在呐喊数智化转型的当下,我们有必要明确什么是数智化企业,数智化企业具有什么样的关键特征,打造数智化企业的关键支柱是什么,数智化改变了什么。以数智化企业模型为蓝图,展现了数智化转型为企业带来的变化:如何以客户中心为基础,以科技为引领,在统一愿景下建立实时战略机制和敏捷生态的生机型组织(图8-13)?

图8-13　数字化企业模型

2）How——如何打造数智化企业规模创新？

通过重塑"数智化企业模型"的认知，我们需要进一步思考的是、什么样的策略，什么样的管理框架可以持续地驱动企业规模创新愿景的落地。《谈谈企业规模化创新》总结了ThoughtWorks国内外的各种案例，提出"以科技为核心"的创新策略，并从流程创新、体验创新和模式创新三个层面，尝试给出企业规模化创新的管理框架和要素（图8-14）。

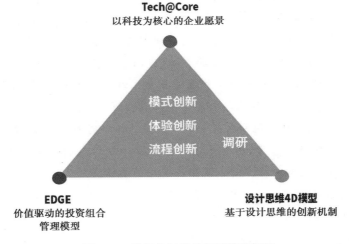

图8-14　数智化时代的创新管理框架

3）What——寻找创新的土壤：如何有效地实施创新管理？

有效实施创新管理需要从寻找适合的土壤开始，在结合"Cynefin"框架对于问题模式认知后，我们认为这样的土壤处于简单（simple）和混沌（chaotic）的边缘，是一个"峭壁"，而在EDGE边缘培育创新需要组织具备驾驭"不确定性"的能力。《超越SAFE，创新需要EDGE》提出"价值驱动决策"框架并用"EDGE"命名,分享了如何从投资的角度来应对创新的"不确定性",从而使组织能够持续在创新的EDGE上跳舞(图8-15)。

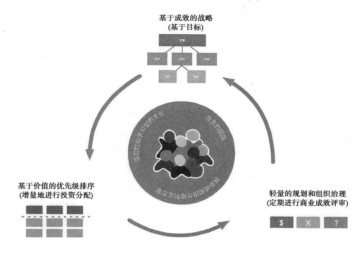

图8-15 价值驱动的投资组合管理模型

4)What——上下同欲者胜:如何对齐企业的愿景与目标?

"使命原则",即在一个高度不确定的复杂环境中,有效指挥所有成员以对组织最有利的方式行动,并可能做出最正确决定的原则,它也是企业实现规模化创新的重要原则。为此,我们需要一种可操作的新"体制"来规划和落地业务战略,使得组织各层级在"一致的目标"下有"自主性"可立即行动。

《以愿景与目标驱动,让创新无处不在》正是以一种全新的方式诠释了如何以"接球"方式让愿景落地,并通过"精益价值树"这样一种遵循了"使命原则"的工具,帮助企业的领导者与团队不断地层层传递愿景、目标,并尽快通过"成功的衡量标准"来决策后续的投资方向与举措(图8-16)。

5)What——给资金插上翅膀:如何超越预算与精益运营?

传统的集中式年度预算制度,在现今这个商业环境急剧变化的时代,已经成为企业创新的绊脚石。要建立持续创新、高适应力的"精益企业",则需要分离设定目标、预测和资源分配三个关注点,并构建滚动预测、持续小额投资、高度灵活机动的预算制度。

《不要让预算出资成为创新的绊脚石》从组织运营角度出发,将"精益思想"运用到运营的各个层面,并通过高效与敏捷的方式激发财务预算和投资的潜能,从而帮助组织更加聚焦于用户服务而非内部流程和考核(图8-17)。

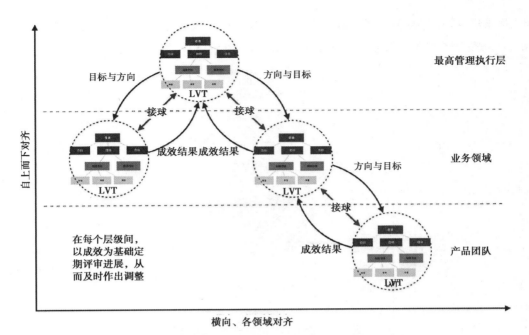

图8-16 在各层级应用精益价值树以"接球"方式进行战略部署

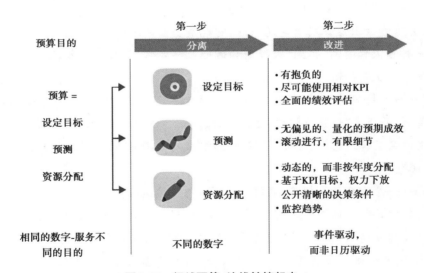

图8-17 超越预算,让钱敏捷起来

6)What——钱花在刀刃上:如何决策投资组合与优先级?

新的机会是不断浮现出来的,任何解决方案都有失败的可能。过度的投资本身就是创新的敌人。企业必须建立一种更加动态、灵活的投资组合管理方法,来支持持续的实验性、快速迭代式的创新过程。

《实时战略与动态投资决策》从"三条地平线"的角度来思考企业如何通过一种可量化的"动态投资组合"策略,来建立一种轻量级的、以价值和成效衡量为基础的持续动态投资决策过程,致力于缩小每一笔投资的规模,通过快速反馈、持续小批量增加投资或停止投资(图8-18)。

未来可能性
未来高增长业务的可能机会

目标:发现新业务
关键指标:口碑、人气、品牌客户

第三地平线

高增长业务
今天的收入增长+明天的现金流

目标:跨越发展鸿沟、开始创造收益
关键指标:用户规模、销售额

第二地平线

当前成熟业务
产生今天主要的现金流

目标:最大化经济效益
关键指标:利润、份额

第一地平线

图8-18　创新的三条地平线

7)What——响应力胜于效率:如何持续地实施规模化敏捷?

数智化时代下传统企业面临着种种挑战:效率永远跟不上市场业务需求,质量总是修修补补过日子,协同在部门面前无从谈起。其间,很多企业结识了"敏捷",并开始尝试敏捷组织转型来应对这些问题。在随后的若干年里,持续交付(continuous delivery)、开发自运维(DevOps)、"规模化敏捷框架"(如SAFe、LeSS、DAD)等一系列新概念如雨后春笋般在这个领域里冒了出来,然而在如何选择、如何有效地落地实施上,实践者们都无所适从。

《从敏捷转型到精益企业》从组织敏捷转型所期望解决的问题出发,展现了大型IT组织敏捷转型的演进历史,帮助读者更清晰地认识敏捷转型对一个组织的价值,以及随之而来的"精益企业"变革(图8-19)。

8)What——学习右脑思考:如何高效地打造创新产品与服务?

数智化创新领域的核心在于设计,而设计的难点在于深入发掘用户的潜在需求及更广泛的人员协作。在这个领域,设计思维仿佛成为一个炙手可热的利器。《数字化创新中的设计》以设计思维为出发点,分享了如何将发散收敛的"4D模型"融入产品的设计实践中,并通过这样一种以用户为中心的持续设计方式,不断在用户、业务和科技三者之间寻求平衡点(图8-20)。

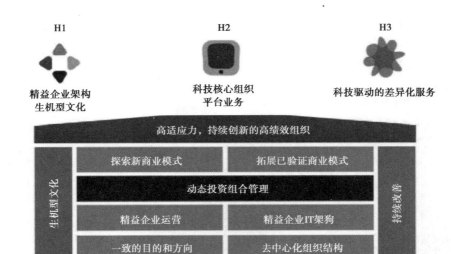

H1   H2   H3

精益企业架构   科技核心组织   科技驱动的差异化服务
生机型文化   平台业务

图8-19 精益企业架构

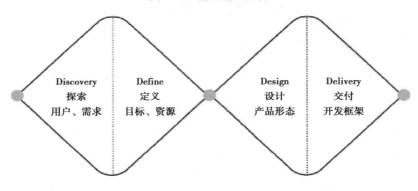

图8-20 ThoughtWorks设计思维4D模型

"数智化创新"的学习是一条探索之旅,值得注意的是,学习和实践的维度不仅仅限于以上几点,你需要从组织、团队及个人的方方面面去思考如何将"数智化创新"的素养融入基因当中。

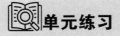**单元练习**

一、讨论

1.探讨在数智化时代,企业和个人为什么需要提升数字化素养,有哪些具体的表现和需求。

2.在数智化媒体时代,企业品牌建设面临哪些新的挑战和机遇? 请结合实际案例进行分析。

3.在数智化时代,企业团队管理模式发生了哪些变化? 如何实现更加高效的团队协作?

二、实战

1.为自己或你的团队设计一个数智化技能提升计划,内容包括具体的学习目标、资源、时间安排等。

2.模拟一个企业团队,在数智化环境下,通过协作工具和项目管理软件,完成一个小型项目,记录全过程并进行自我评估。

3.根据典型案例中的实践内容,设计一个展示和评价机制,用于展示和评估你策划的数智化创新项目成果。

结语——数智化转型的发展前景与展望

近年来,随着科技的飞速发展和全球互联网的兴起,数智化转型已经成为各个行业中不可或缺的重要组成部分。数智化转型可以帮助企业和组织利用科技的力量来提高效率、创造价值及塑造未来。在此,展望数智化转型的发展前景,探讨其对企业发展和个人生活的影响。

1)数智化转型的基本概念与趋势

数智化转型是指企业和组织利用科技和数字工具,将传统的业务流程和运作方式重新构建和改进,以提高效率和创新能力的过程。数智化转型在各个领域中都可以发现其应用的踪迹,包括但不限于制造业、金融业、零售业、医疗保健、教育等。数智化转型的核心是将数据和技术应用于业务流程中,以实现更高效的决策、更好的客户体验及更高的生产力。

未来数智化转型的发展将呈现以下几个趋势:

①数据驱动决策:随着大数据和人工智能技术的不断发展,数据将成为企业决策的核心。通过数据分析和挖掘,企业可以更全面、准确地了解市场、客户需求及业务情况,从而做出更明智的决策。

②跨界合作:数智化转型将促进不同行业之间的合作与创新。随着数字技术的融合应用,企业可以以更高效、精准的方式与供应商、客户和合作伙伴合作,加速创新和共享价值。

③个性化定制:数智化转型将推动产品和服务的个性化定制。通过数智技术和高度自动化的生产流程,企业可以按照客户的需求和偏好,生产出符合个性化要求的产品,提升客户满意度和忠诚度。

④人机协同:数智化转型的另一个趋势是人机协同。随着机器学习和自动化技术的发展,人和机器将更加密切地合作,实现工作过程的高度智能化和自动化,提高工作效率和生产力。

2)数智化转型对企业发展的影响

首先,数智化转型对企业生产力和效率的提升具有显著作用。通过引入先进的数智技术和工具,如物联网(IoT)、人工智能(AI)和大数据分析,企业能够实时监控生产流程,优化资源配置,减少浪费。例如,制造业企业可以利用智能传感器和预测性维护技术,提前识别设备故障,避免生产中断,从而大幅提高生产效率。同时,数据的准确性和实时性使企业能够更精准地进行生产计划和库存管理,降低运营成本。

其次,数智化转型为企业创新和竞争力的提升开辟了新路径。数智化工具和技术使企业能够更快速地响应市场变化和客户需求,通过数据分析洞察消费者行为,从而开发出更符合市场需求的新产品和服务。以零售行业为例,企业通过数据分析了解顾客偏好,实现个性化推荐,不仅提升了销售额,也增强了客户忠诚度。此外,数智化转型还促进了新业务模式的诞生,如共享经济、订阅服务等,为企业开拓了新的收入来源。

在市场营销和客户关系管理方面,数智化转型同样发挥了重要作用。通过社交媒体、电子邮件营销、在线广告等数字化渠道,企业能够更直接、更有效地触达目标客户群体。同时,利用客户关系管理(customer relationship management,CRM)系统,企业可以整合客户信息,提供个性化的客户体验,增强客户满意度和忠诚度。数智化技术还使企业能够实时跟踪营销活动的效果,及时调整策略,实现营销投资的最大化回报。

最后,数智化转型对企业实现可持续发展具有重要意义。通过数智化手段优化能源使用、减少废弃物排放,企业可以降低碳排放量和资源消耗量,实现更加环保可持续的生产方式。例如,智能建筑管理系统能够自动调节能源使用,减少能源浪费。同时,数智化转型也帮助企业进行精细化管理和预测,通过数据分析优化供应链管理,减少库存积压和运输成本,提高资源利用效率。这些措施不仅有助于企业降低成本,也推动了可持续发展战略的实施,提升了企业的社会责任感和品牌形象。

3)数智化转型对个人生活的影响

数智化转型对个人生活的影响同样不可忽视。首先,数智化转型为个人提供了更加便捷和高效的生活方式。通过电子商务和移动支付等技术,个人可以方便地购物、支付和享受各种服务,节省时间和精力。其次,数智化转型也为个人提供了更多的学习和发展机会。通过在线教育平台和数智化学习资源,个人可以随时随地学习,提升自己的知识和技能。同时,数智化转型也为个人提供了更多的创业和就业机会,推动个人职业发展。最后,数智化转型也给个人带来了更高质量的生活体验。通过智能家居、智能健康监测等技术,个人可以享受更智能化、便捷化的生活方式。同时,数智化转型也为个人提供了更多的娱乐和社交方式,丰富了个人社交圈和交流方式。

4)数智化转型的挑战与应对

数智化转型也面临一些挑战。首先是技术和数据的安全性问题。数智化转型需要大量的数据和信息交换,在这个过程中面临着数据泄露、黑客攻击等安全风险。因此,企业和个人需要加强对数据和信息的保护,采取相应的安全措施。其次是技术壁垒和数字鸿沟问题。数智化转型要求企业和个人具备一定的技术能力和数字素养。然而,还有很多企业和个人面临技术壁垒和数字鸿沟的挑战,缺乏数智化转型所需的技能和资源。因此,政府和企业需要加大对技术培训的支持力度,缩小数字鸿沟。最后是社会和法律规范的调整问题。数智化转型对社会和法律制度提出了新的挑战和要求,需要相应的政策和规范来引导和规范数智化转型的发展。因此,政府和相关利益方需要加强合作,制定相关政策和规范,推动数智化转型的健康发展。

数智化转型是一个持续演进的过程,其发展前景广阔。无论是对企业还是个人来说,数智化转型都将带来更多机遇和挑战。在数智化转型的道路上,企业和个人应积极拥抱科技的力量,不断创新和优化,以适应和引领未来的发展。同时,政府和社会各界也应加强合作,营造良好的环境和条件,推动数智化转型的可持续发展。只有共同努力,才能实现数智化转型带来的发展红利,让未来更加美好。

参考文献

［1］王仁武.资源发现数智化［M］.上海:上海交通大学出版社,2022.

［2］闫丽霞.数智化、服务化背景下的制造业转型发展研究［M］.北京:中国纺织出版社,
2023.

［3］邓佳倩.数智化转型:人工智能的金融实践［M］.北京:中国科学技术出版社,2022.

［4］杨明川,钱兵,赵继壮,等.企业数智化转型之路:智能化数字平台建设及应用实践［M］.
北京:机械工业出版社,2022.

［5］王咏刚.AI我知道:AI到底是什么?［M］.杭州:浙江少年儿童出版社,2023.

［6］吴霓,任昌山,潘静文,等.数智时代的知识生产和教育变革［J］.天津师范大学学报(社会
科学版),2024(4):40-56.

［7］王蔚然.力促传统产业数智化转型推动新兴产业高质量发展［N］.中山日报,
2024-07-04(2).

［8］张佳星.数智化转型成为传统产业"必修课"［N］.科技日报,2024-07-01(6).

［9］张静.生成式人工智能赋能数智教育治理的风险与规避［J］.教学与管理,2024(21):
32-37.

［10］蔡婷婷,张波.制造业数智化能力提升:发轫理路与实践路径［J］.工信财经科技,2024
(3):88-97.